CACI
COLEGIO ARGENTINO DE
CARDIOANGIÓLOGOS INTERVENCIONISTAS

HEMODINAMIA Y CARDIOANGIOLOGÍA INTERVENCIONISTA

TOMO I: RADIOBIOLOGÍA Y PROTECCIÓN RADIOLÓGICA

SUPERVISIÓN CIENTÍFICA
Dr. Marcelo Ruda Vega
GENERACIÓN DE MEDIOS AUDIOVISUALES
Ariel Corgatelli
SECRETARÍA DOCENTE
Teresa Vilche de Pinto
DISEÑO y DIAGRAMACIÓN
XIGNOS de Valeria Facetti
CORRECCIÓN DE ESTILO
Inés Gugliotella
IMPRESIÓN
Casano Gráfica, S.A., Ministro Brin 3932, Remedios de Escalada, Lanús

MARZO 2018

Dedicamos este libro a los Doctores Liliana Trucco, Sergio Brieva y Pablo Ferrari,
nuestros jóvenes discípulos fallecidos en plena actividad asistencial y científica

PRÓLOGO

"De todos los misterios del universo, ninguno más profundo que el de la creación. [...] Pero cada vez que surge algo que antes no había existido [...] nos vence la sensación de que ha acontecido algo sobrenatural, de que ha estado obrando una fuerza sobrehumana. Y nuestro respeto llega a su máximo, casi diría se torna religioso, cuando aquello que aparece de repente no es cosa perecedera. Cuando no se desvanece como una flor, ni fallece como el hombre, sino que tiene fuerza para sobrevivir a nuestra propia época y a todos los tiempos por venir [...]. A veces nos es dado asistir a ese milagro".
Stefan Zweig

"Las metas existen, lo que no existe son los caminos".
Franz Kafka

Las ideas sin demostración son vanas. Las observaciones sin interpretación, estériles.

Este libro es el producto de la combinación de un impulso intelectual con la necesidad de volcar la evolución de las ideas y el cuerpo de conocimientos elaborados durante la estructuración de la carrera de Especialista en Hemodinamia, Angiografía y Cardioangiología Intervencionista de la Facultad de Medicina de la Universidad de Buenos Aires, que se realiza juntamente con el Colegio Argentino de Cardioangiólogos Intervencionistas.

El texto es objetivo, didáctico, compacto y dialéctico, porque se actualizará permanentemente con la experiencia, con las coordenadas básicas que han seguido las pautas enunciadas en la carrera (CACI).

Este libro supone un enorme reto intelectual, y es un esfuerzo por arrojar luz sobre algo tan complejo como el escenario de la terapéutica por cateterismo. Esta complejidad impulsó la idea de escribirlo, como una forma de mantener actualizado nuestro conocimiento.

Los autores, animados por el concepto colectivo de contribuir a traspasar la actividad reunida en la carrera, ponen al alcance del cardiólogo intervencionista el material elaborado y los resultados de los más avanzados métodos en este campo.

La obra está estrechamente sujeta a las necesidades del lector, con una estrategia metodológica que se compone de tres elementos conceptuales: un apropiado cuerpo teórico de conocimientos sobre la enfermedad y sus mecanismos; información de la tecnología que permite la dinámica operativa, y, por último, un nuevo paradigma del conocimiento elaborado. El principal objetivo de los temas que se presentan en cada capítulo es proveer un equilibrio y una sistematización a esta gran masa de información, para su posterior aplicación práctica. La maestría se adquiere a lo largo de un extenso aprendizaje y entrenamiento, según la fenomenología de la carrera.

En la carrera se montó un taller, o un laboratorio experimental, donde los intervencionistas ensayan su conducta sin mayores riesgos, en condiciones inmejorables para la práctica. Sobre la base de los planes de estudio, se creó un ambiente apropiado, dinámico, sinérgico y proactivo para el desarrollo de estas nuevas aptitudes, que se ajustan a los criterios de planificar, hacer, verificar y actuar.

El programa de la carrera se ve fielmente reflejado en este libro, que presenta un análisis y una compilación de la experiencia sustancial acumulada en la Argentina, Latinoamérica y el mundo. Asimismo, el texto intenta servir como guía de referencia en la práctica clínica, y brindar información pragmática sobre las técnicas, beneficios y problemas del moderno intervencionismo cardiovascular.

El laboratorio de cateterismo fue una combinación única de desafíos individuales, motivados por la sensación de estar haciendo algo de vanguardia, donde primaron la cohesión y las iniciativas, y nadie vio limitado su horizonte. El círculo creativo favoreció el surgimiento de ideas que se activaron gracias al espíritu de equipo volcado en iniciativas afines. Era como una mente compartida, superior a nuestras mentes individuales.

La especialidad y la carrera avanzaron en una atmósfera intelectual notablemente estimulante que dio pie a una prolífica fuente de ideas originales. Han sido años de fértil imaginación y acumulación de conocimientos en la frontera de la ciencia. Cada punto al que se llegaba era un nuevo punto de partida, con nuevas preguntas y respuestas. La acumulación de conocimientos se convirtió en una construcción sostenida y continua, en una carrera sin fin.

Muy a menudo aparecen pioneros intrépidos con visiones muy particulares y apartados de los cánones clásicos de la época que encontraron un camino mejor, pero los descubrimientos actuales seguramente dejarían asombrados a aquellos pioneros. ¡Quién habría podido predecir por aquel entonces que en tan pocos años todos aquellos aspectos que permanecían en la sombra del saber iban a constituirse en lo que hoy conocemos como la era moderna de la terapéutica por cateterismo!

Los avances se dan más rápidamente de lo que uno puede ponerlos por escrito y publicarlos, y se adoptan enseguida y de lleno. Las ideas que se desarrollaron desde los orígenes de nuestra disciplina modelaron la carrera, constituyendo el armazón necesario para que el modelo resultara valioso. La carrera ocupó el centro de la escena, reflejando a lo largo de décadas la evolución y proyección de la Cardioangiología Intervencionista, afianzándose y manteniendo la calidad un poco más elevada que los estándares, exigiendo un rigor absoluto en esta tesis. Señaló el camino y tuvo una gran influencia en las nuevas generaciones; fue el lugar de formación de una gran parte de los líderes en este campo.

Pero cruzar el umbral no fue fácil, como se relata en el Prefacio: todo se consiguió con un esfuerzo considerable, a menudo no lo suficientemente entendido ni fácilmente aceptado. Fue necesario ayudar a que se comprendieran las nuevas ideas diagnósticas y terapéuticas, aunque este proceso se concretó más rápido de lo pensado, debido al éxito de los procedimientos. No obstante, sabíamos adónde nos dirigíamos con la poderosa alianza entre fuerzas productivas, la ciencia, la tecnología y el mundo industrial. Resultaba sencillo imaginar adónde nos conducía esto, pero no cuánto tiempo demandaría llegar.

En esta era de grandes progresos científicos y tecnológicos, esta nueva modalidad terapéutica por cateterismo le confiere a la Cardiología moderna un particular fenotipo, con una elaboración metodológica y conceptual congruente con significativos efectos positivos, con mejores y más seguros resultados.

La Cardioangiología Intervencionista es una historia científica fascinante, de ilusiones y convicciones, de avances y retrocesos. Todo es nuevo, estamos en la cresta de la ola, la imaginación y el conocimiento son originales, los nuevos eventos se suceden rápidamente, es una catarata de hallazgos, todo es innovación, nada es inferior a lo anterior, todo es seguro.

No hay nada más poderoso que una idea ajustada a su tiempo a la que le llega su momento. Nos ha tocado vivir uno de tales momentos.

La terapéutica por cateterismo vivió tres vidas de complejidad creciente. Fue la suma de grandes pasos: el primero, la cateterización de las arterias coronarias (coronariografía diagnóstica); el segundo, las intervenciones de las arterias –coronarias, periféricas, renales, carótidas– mediante la angioplastia a partir de la anterior etapa, y el tercero, la expansión de la práctica para tratar cardiopatías estructurales en forma mínimamente invasiva. Cada uno de estos escalones, revolucionarios, ha renovado el conocimiento mediante su creatividad, con el resultado inevitable de la mejoría de sus resultados.

Ninguna disciplina ha llegado tan profundo en sus esquemas conceptuales, tan alto en sus métodos de observación y experimentación, ni tan lejos en la formulación de leyes y teorías como la Cardioangiología Intervencionista, que creó ideas que incorporó en la propia trama teórica de un nuevo paradigma. En el extremo del catéter o dispositivo más espectacular, siempre hay una mano, la del cardioangiólogo intervencionista; ambos han quedado asociados y se alimentan mutuamente. Como un bello ejemplo entre el progreso del intervencionismo y el de un instrumento.

Hemos sido parte de los enormes avances surgidos en el transcurso de cuatro décadas, que prepararon la actual edad de oro de la Cardioangiología Intervencionista, donde el historial de soluciones y usos de dispositivos es extenso. La experiencia y las ideas se transmitieron en forma precisa y clara a las nuevas generaciones a lo largo de la carrera.

Nuestra visión se expandió más allá de lo que habíamos imaginado tiempo atrás. Cada innovación inspira otras, cada avance prueba nuestra determinación de mejorar la Cardioangiología Intervencionista.

Dr. David Vetcher
Presidente CACI, 2002-2003

FUNDAMENTACIÓN DE LA CREACIÓN DE LA CARRERA DE HEMODINAMIA SEGÚN LA PRESENTACIÓN REALIZADA A LA FACULTAD DE MEDICINA DE LA UNIVERSIDAD DE BUENOS AIRES EN 1989

Dr. Marcelo Ruda Vega

"La disciplina médica que se dedica al estudio de la Hemodinamia Cardiovascular y a las técnicas angiográficas de todos los sectores del organismo se estableció sólidamente en los países desarrollados como una especialidad independiente durante las décadas del cincuenta y el sesenta. En los últimos veinte años, su campo de acción se ha ampliado considerablemente para incorporar una notable variedad de procedimientos terapéuticos por cateterismo de gran complejidad técnica, aplicables a casi todos los órganos de la economía.

Para interpretar las necesidades y requerimientos de estos especialistas, en todo el mundo se fueron creando nuevas sociedades médicas, revistas exclusivas de difusión universal y congresos médicos destinados a tratar sus temas específicos.

La especialidad Hemodinamia y Angiografía existe en nuestro país con entidad propia desde hace cerca de treinta años y es perfectamente reconocida por la comunidad médica.
El Colegio Argentino de Hemodinamia, con personería jurídica y representación a nivel nacional, reúne a todos los especialistas reconocidos con actividad independiente y se encarga de otorgar el certificado habilitante, previo examen de competencia, así como de acreditar técnicamente a los Laboratorios de Cateterismo y Angiografía para realizar estudios de diagnóstico y, en algunos casos, procedimientos terapéuticos.

Sin embargo, no existe un aprendizaje reglado, teórico y práctico de la especialidad, falencia curricular que también afecta al resto de Sudamérica.
Las dificultades de la enseñanza (y el aprendizaje) se deben, en última instancia, a que sus diferentes materias provienen de desprendimientos de especialidades médicas muy dispares (Cardiología, Medicina Interna, Gastroenterología, Radiología, Neurocirugía, Pediatría, etc.).

La creación de la Carrera de Especialista llenará dos necesidades individualmente vinculadas: 1) la unificación de esos desprendimientos en una nueva especialidad cuyo alcance y limitación práctica se llevará a cabo mediante una discusión consensuada previa con sus miembros, y 2) la enseñanza específica de las materias que más abajo se detallan.

El conocimiento actual se integra con la experiencia, entre otros, de cardiólogos, internistas, radiólogos, pediatras y neurorradiólogos. Hay, pues, "especialistas en hemodinamia y angiografía" cuya formación preliminar ha sido la Cardiología, la Clínica Médica, la Pediatría, la Radiología, etc. Esta situación no cambiará, por lo que se mantendrá el criterio de "carrera superespecializada", lo cual presupone la especialización previa en cualquiera de las disciplinas mencionadas, idealmente con la residencia completa o la carrera de especialista (en Cardiología, Radiología, etc.).

La formación actual de los especialistas es parcial. Las crisis recurrentes en las cuales se desempeñan muchas instituciones y profesionales determinan que no se rechacen procedimientos cuya técnica se domina en forma incompleta, y la consecuencia es la realización de estudios de escasa eficiencia diagnóstica y de terapéuticas por cateterismo incompletas o riesgosas."

1 Pasaron veinte años, hasta el año 2009, cuando el Ministerio de Salud Pública de la Nación finalmente la aceptó como una especialidad independiente, aunque con un nombre desactualizado: Hemodinamia y Angiología General.

REALIDAD ACTUAL Y PROYECCIÓN DE LA ESPECIALIDAD

Es para mí una satisfacción enorme como presidente del Colegio Argentino de Cardioangiólogos Intervencionistas poder concretar durante la gestión de nuestra comisión directiva la edición del primer tomo del libro –innovador por su forma– de nuestra especialidad, algo con lo que hasta ahora no contábamos en nuestro país.

Para lograrlo fue necesario el esfuerzo incondicional de cada uno de sus autores, junto al comité editorial y al coordinador general, doctor Marcelo Ruda Vega, quien a diario brinda toda su experiencia y sus esfuerzos para que este proyecto comience a concretarse.

En estos años de trabajo y esfuerzo societario, hemos visto a nuestra sociedad crecer y afianzarse junto a las más prestigiosas sociedades científicas de la especialidad a nivel nacional e internacional. En la actualidad, celebramos nuestro congreso anual y varias sesiones científicas en los dos congresos nacionales más importantes de Cardiología, así como en América Latina y Estados Unidos, a los que se han sumado en los últimos años Europa y Asia.

La carrera de nuestra especialidad cumple ya veintiocho años y sigue siendo la única carrera formadora de colegas a lo largo de todo nuestro país, logrando homogeneizar la enseñanza de la especialidad y ofrecer en cada lugar de la Argentina un especialista debidamente formado y acreditado por sus pares, que cuenta con el título de la Universidad de Buenos Aires y del CACI junto al Ministerio de Salud Pública de la Nación. Esta oferta educativa no existe en toda América y tampoco hay algo de iguales características en los otros continentes.

Hemos incorporado una nueva página web y una nueva plataforma educativa virtual para los cursos de actualización, cuya modalidad comprende talleres con simuladores de realidad virtual y módulos temáticos de la especialidad. Esto ofrece la posibilidad de cursarlos desde cualquier lugar y en cualquier momento, lo que permite una interacción docente-alumno permanente. A la vez, se suma una plataforma web para los alumnos de la carrera de la especialidad para que tengan el contenido educativo de las clases presenciales disponible en la nube y al alcance de los profesionales cursantes cuando así lo requieran.

A propósito de este primer tomo dedicado a Radiofísica y Radioprotección, creo importante mencionar que durante el año 2017 hemos trabajado, con la colaboración de muchos autores de este libro y en conjunto con el Ministerio de Salud Pública de la Nación, en la actualización de la reglamentación que regula nuestra especialidad. Establecimos la necesidad de un control obligatorio periódico de los equipos y las salas de Hemodinamia, así como la incorporación de parámetros técnicos relacionados con el funcionamiento de los equipos y los parámetros de radioprotección actualizados según normativas internacionales vigentes, para lograr la mejor calidad en las prestaciones y la mayor bioseguridad en todas nuestras intervenciones. Esta actualización de las normativas comenzó a regir a partir de su publicación en el boletín oficial.

Dentro de nuestros avances durante la presente gestión, la creación del vademécum de la especialidad constituye una importante herramienta que complementa la labor diaria, y que deberemos mantener vigente y actualizada en forma permanente.

Hacia el final de la presente gestión, pudimos concretar también la ampliación de nuestra sede al incorporar un nuevo piso. Esto permitirá extender nuestras capacidades y ofertas educativas en el entrenamiento y perfeccionamiento no solo de los especialistas de nuestro país, sino de toda Latinoamérica, quienes aprovechan la oferta educativa de la carrera de la especialidad y del Programa de Actualización UBA-CACI.

El rápido avance tecnológico de nuestra especialidad permite que cada día tratemos patologías en forma mínimamente invasiva, algo que unos pocos años atrás era impensable. Esto nos obliga a estar actualizados en los nuevos tratamientos y tecnologías disponibles, así como también en sus diferentes técnicas y resultados.

Entrenarnos en cada práctica constantemente, en muchos casos valiéndonos de simuladores de realidad virtual o participando de talleres prácticos en vivo o con simuladores, para lograr los mejores resultados en nuestra práctica diaria, debe ser uno de los objetivos de todos aquellos que intentamos llevar nuestra especialidad a los más altos estándares internacionales.

Estas palabras que hoy constituyen nuestro presente podrán leerse algún día como parte de la historia del desarrollo de nuestra especialidad. Es mi anhelo que se las recuerde y que nuestros pasos dejen su huella en ese largo camino de la historia de nuestro querido Colegio Argentino de Cardioangiólogos Intervencionistas del cual todos formamos parte.

Dr. Alejandro Cherro
Presidente CACI, 2016-2017

E-BOOK: UN NUEVO APORTE A LA EDUCACIÓN MÉDICA CONTINUA EN NUESTRA ESPECIALIDAD

Con gran satisfacción y entusiasmo, celebro el lanzamiento del tomo I del E-book de Hemodinamia y Cardioangiología Intervencionista.

Este instrumento de educación médica continua es el resultado de veintiocho años de experiencia de los integrantes del Área de Docencia del CACI, quienes han formado al 90% de los miembros activos de nuestro colegio a través de la Carrera UBA-CACI de Hemodinamia, Angiografía General y Cardioangiología Intervencionista, y del Programa de Actualización en Hemodinamia y Cardioangiología Intervencionista.

Los objetivos y la originalidad de esta obra están claramente definidos por el doctor Marcelo Ruda Vega en el prefacio del libro. Este E-book , entre otras particularidades, nos proporciona acceso a una actualización continua en nuestra propia lengua.

En los últimos años, hemos sido testigos de la incesante incorporación de recursos de extrema utilidad para la enseñanza de la medicina y, en nuestro caso, de la Cardioangiología Intervencionista.

El concepto de educación médica permanente implica que los nuevos conocimientos llegan al individuo, renuevan los anteriores e imponen cambios en la conducta y en la toma de decisiones. Los médicos debemos ser conscientes de que la actualización permanente es una obligación ineludible e imposible de rechazar.

Por todo esto, es responsabilidad de quienes tienen acceso al ejercicio de la docencia aproximar los recursos y ofrecer los medios para que todos tengamos la posibilidad de acceder a la educación continua. A lo largo de los cinco tomos del E-book de Hemodinamia y Cardioangiología Intervencionista , se desarrollan todos los temas actuales de nuestra especialidad.

Los autores y miembros del Área de Docencia del CACI pueden estar seguros de que, a través de esta nueva herramienta educativa, están contribuyendo en gran medida a las necesidades de actualización de sus colegas.

No puedo dejar de mencionar que el lanzamiento del primer tomo de esta innovadora herramienta de actualización se produce simultáneamente con otro paso fundamental de nuestro Colegio en dirección a brindar modernos instrumentos de educación y entrenamiento a nuestros socios. Se trata de la ampliación de nuestra sede, concretada recientemente –en diciembre de 2017–, con la incorporación de un nuevo piso que se destinará sobre todo a la instalación de un Centro de Simulación. En este Centro de Simulación del CACI, donde contaremos con simuladores de última generación, no solo realizarán sus prácticas y entrenamientos los alumnos de la Carrera UBA-CACI y los del Curso de Actualización del CACI, sino que se desarrollarán cursos para médicos de nuestro país y del resto de Latinoamérica.

El uso de la simulación en Cardioangiología Intervencionista es esencial para la formación de los nuevos especialistas y, probablemente, asumirá un papel cada vez más importante en el mantenimiento de la certificación para especialistas con experiencia.

Estas son algunas de las ventajas que los simuladores ofrecerán a sus usuarios:

1. Disminuir errores en las técnicas intervencionistas.
2. Acortar los tiempos de aprendizaje de nuevas técnicas.
3. Identificar potenciales áreas de mejoría.
4. A prender intervenciones de bajo volumen.
5. Proporcionar una evaluación objetiva de la competencia técnica.

De esta forma, uno de los principales objetivos de nuestro Colegio, en su compromiso de ofrecer nuevos proyectos y posibilidades educativas a sus socios, se ve materializado a través de dos propuestas innovadoras: el E-book de Hemodinamia y Cardioangiología Intervencionista y el Centro de Simulación del CACI.

Dr. Aníbal Damonte
Presidente CACI, 2018-2019

PREFACIO
...LLEGANDO A LOS 40 ..., 1978-2018

Dr. Marcelo Ruda Vega

ENSEÑANZA-APRENDIZAJE Y EDUCACIÓN MÉDICA CONTINUA EN HEMODINAMIA Y CARDIOANGIOLOGÍA INTERVENCIONISTA

1978

Apurados, salíamos del Sanatorio Mitre el doctor Luis Flores (Cipoletti), el doctor Alejandro Moyano (Córdoba) y el doctor Antonio Pocoví (Buenos Aires), mis colaboradores de entonces, para ir hasta el Luna Park a ver jugar a la selección campeona del mundo en "color y pantalla gigante". Un recuerdo hermoso e imperecedero. Pero no puedo olvidar que, cuando la intensidad del juego disminuía, me angustiaba la idea de que estaba perdiendo el tiempo, porque al día siguiente tenía que dar una clase de Hemodinamia en el Curso Superior de Médicos Especialistas Universitarios de Cardiología, de la Facultad de Medicina de la UBA, dirigido por el profesor doctor Albino Perosio.

Este libro nació ese año; veamos cómo:

En el Hospital de Clínicas, donde hice mi Internado Rotatorio y Residencia de Medicina Interna, daba clases de Hemodinamia y Angiografía en las tres Residencias de Medicina (a cargo de los profesores doctores Egidio Mazzei, Osvaldo Fustinoni y José Emilio Burucúa), transmitiendo la experiencia recogida durante siete años en el Sanatorio Güemes con mis maestros, el doctor Luis de la Fuente, el doctor Ezio Zuffardi y el doctor René Favaloro.

Por ese motivo fui convocado por el profesor doctor Albino Perosio para organizar un curso de Hemodinamia (no existía la Cardiología Intervencionista) dentro del programa del Curso Superior de Médicos Especialistas Universitarios de Cardiología de la Facultad de Medicina de la UBA . El programa que le presenté al doctor Perosio era muy largo e incluía unas veinte clases, que se daban tanto en el primero como en el segundo año del Curso Superior. Sin embargo, lo aceptó, seguramente al ver mi entusiasmo juvenil (tenía entonces 33 años).

Estábamos en 1978, pocos meses después de que Andreas Grüntzig, en septiembre de 1977, había efectuado la primera angioplastia coronaria. Y ocho años antes de que un pequeño grupo de especialistas liderados por el doctor Alfredo González Martín fundara el Colegio de Hemodinamia en Mendoza.

Al año siguiente, en 1979, el profesor doctor Juan Rodríguez Ballester, profesor titular y director del Curso Superior de Radiología de la UBA , me invitó a dar las clases de "angiografía de todos los sectores vasculares", que se repartían entre distintas materias de los tres años que duraba el Curso Superior. Acepté porque tenía todo el material didáctico necesario, incluyendo Neurorradiología, ya que en el Sanatorio Mitre había compartido una experiencia extraordinaria con el profesor doctor Enrique Pardal, profesor titular de Neurocirugía, que recibía a numerosos pacientes de todo el país y a quienes nosotros les efectuábamos la angiografía cerebral.

El año 1980 fue excepcional. En el mes de marzo, con el doctor Carlos Gadda efectuamos la primer angioplastia periférica en Buenos Aires; un mes después, la primera angioplastia renal (había solo seis casos publicados en la literatura); al mes siguiente, la primera angioplastia vertebral (solo tres casos publicados), y en el mes de junio, viajé a Zúrich para aprender angioplastia coronaria con el doctor Andreas Grüntzig. Regresé con balones, catéteres guía y el insuflador mecánico provisto por la casa Schneider, considerado en ese momento como el "elemento más importante" para poder realizar con seguridad una angioplastia coronaria.

Nosotros, con el doctor Carlos Gadda, realizamos la primera angioplastia coronaria a fin de año, un mes después de que la doctora Liliana Grinfeld y el doctor Jorge Belardi realizarán la primera en la Argentina.

A partir de entonces, a las clases de Hemodinamia y Angiografía Diagnóstica les agregamos las de Terapéutica por Cateterismo, que incluían las más variadas técnicas, desde embolización de neurofibromas nasales y meningiomas hasta angioplastia de todos los sectores vasculares. Todas estas clases se repartían entre los dos años del Curso Superior de Cardiología y los tres años del de Radiología.

En 1982, como resultado de esa experiencia, proyectamos por primera vez la creación de una carrera de Hemodinamia y Angiografía. Involucrando al doctor Mariano Iturralde, cardiólogo y hemodinamista pediátrico, le presenté al profesor Perosio un programa detallado que consistía en que el Curso Superior de Especialista en Cardiología de dos años de duración tuviera un tercer año, a elección de los alumnos, con dos posibilidades: uno de Hemodinamia y Angiografía y el otro de Cardiología Pediátrica (que posteriormente creó el doctor Eduardo Kreutzer). Yo pretendía que él lo presentase como "su" proyecto al Consejo Superior de la Facultad. "Muy interesante", me dijo. Lo depositó en el "Cajón de las Buenas Ideas", pero nunca salió de ahí.

Al profesor doctor Albino Perosio lo sucedió el profesor doctor Luis Suárez como director del Curso Superior de Cardiología y yo seguí dando mis clases normalmente. Como el doctor Suárez hacía Electrofisiología, le propuse de inmediato que un tercer año estuviera dedicado a esa especialidad (más tarde lo hizo el doctor Ricardo Pesce) o a Hemodinamia y Angiografía. Tampoco lo convencí y no lo propuso a la Facultad.

En 1989 se alinearon los astros de tal manera que el director de Posgrado de la Facultad, el profesor doctor Antonio Vilches, me estimuló para que presentara el proyecto de creación de la Carrera, independientemente de Cardiología. El Consejo Superior de la Facultad de Medicina le encargó al doctor Eduardo Kreutzer que evaluara el proyecto, que fue tratado y aprobado ese mismo año. El Colegio de Hemodinamia estaba al tanto de todos estos antecedentes y decidió apoyarlo proponiendo que una persona del interior, mi amigo el doctor Hugo Londero, fuera el subdirector. Con Hugo recorrimos, creo que exitosamente, los siguientes veintidós años de la Carrera. Cuando Hugo creyó que veintidós años ya eran suficientes, designé al doctor Alejandro Cherro como su sucesor.

El impacto que tuvo la creación de la Carrera en esa época fue importante, tanto que el diario La Nación le dedicó en marzo de 1990 una nota elogiosa en su página editorial central (Fig. 1). Fue importante en dos sentidos: en primer lugar, para la Facultad de Medicina, y segundo, para la especialidad de Hemodinamia.

En cuanto a la Facultad de Medicina de la UBA , ese mismo año decidió cambiar la denominación de "Curso Superior de Especialistas" por el de "Carreras de Especialistas", de dos o tres años de duración. La razón fue que las carreras debían estar relacionadas con las residencias, lo cual se logró más rápidamente con las residencias llamadas "Básicas" y de manera lenta con las "Post-básicas". Existían hasta 1989 Cursos Superiores de Especialistas en Cardiología, Radiología, Psiquiatría, Obstetricia, Pediatría y Medicina Legal, con prestigio y larga tradición.

La Facultad de Medicina de la UBA , al aprobar la Carrera de Hemodinamia y Angiografía General, introdujo una variante "revolucionaria", si se quiere exagerar un poco, al firmar un convenio de cooperación con el Colegio Argentino de Hemodinamia, reconociendo por primera vez el beneficio que podía tener la asociación con sociedades científicas o colegios médicos en la formación de especialistas. Suscribieron este convenio el profesor doctor Jorge Califano, director de Posgrado, y el profesor doctor Nicolás Ferreira, decano de la Facultad de Medicina, además de los doctores Alejandro González Martín y Carlos E. Gadda, por el CACI.

El proyecto de creación de la Carrera de Hemodinamia fue tomado inicialmente como modelo para sociedades científicas que querían presentar una carrera asociada. De ninguna manera queremos atribuirnos el mérito de lo que ocurrió después en la Facultad, pero en los años siguientes se crearon decenas de carreras de especialistas asociadas a sociedades científicas. Esto cambió para siempre el Posgrado de la Facultad de Medicina, que, de tener unos pocos Cursos Superiores de Especialistas, pasó a tener hoy 98 carreras de Especialistas de Posgrado.

El ejemplo más cercano que interesa analizar es la creación de la Carrera de Especialista en Cardiología en asociación con la Sociedad Argentina de Cardiología (SAC). En 1994, yo integraba la Comisión Directiva de la SAC (que presidía la doctora Liliana Grinfeld), y con el antecedente de Hemodinamia, se propuso la misma asociación con la UBA , que muy bien impulsaron el doctor Néstor Pérez Baliño y la licenciada Amanda Galli. En ese momento, yo era además director de la Residencia de Cardiología del Hospital Naval, integrado a un sistema de hospitales y clínicas privadas que generó a lo largo de muchos años cientos de especialistas en Cardiología con muy buena formación teórico-práctica.

Pero como "nada es para siempre", unos quince años después, la Universidad de Buenos Aires decidió derogar todos los contratos existentes de todas las Facultades sobre todos los temas. Y el convenio con el CACI cesó. Pero de un "matrimonio legal" pasamos a uno "de hecho", tan sólido como el anterior, que se mantiene hasta el presente.

En cuanto a la especialidad de Hemodinamia, el programa de materias de la Carrera presentado en 1989 se refleja en los capítulos de este libro. La enseñanza-aprendizaje de la especialidad en la Argentina a partir de entonces se efectuó de esa manera.

Que quede claro: nosotros no inventamos nada; de esa forma se trabajaba en los Servicios de Hemodinamia en la Argentina. Pero sí sistematizamos su enseñanza. Como prueba de ello, relataré una anécdota que me emociona. Cuando el doctor René Favaloro llegó a la Argentina, en 1971, hacía un año que yo había iniciado mi formación con el doctor Luis de la Fuente y el doctor Ezio Zuffardi. Para difundir el conocimiento de la Hemodinamia y de la revascularización coronaria, teníamos un proyector de cine de 16 mm, con el que mostrábamos coronariografías, angiografías cerebrales, renales y periféricas, todas realizadas con el método de Sones. Al doctor Favaloro, llegado desde la Cleveland Clinic, le llamó tanto la atención esta forma de trabajar que una vez me dijo: "Yo le mostraría a todo el mundo los estudios de múltiples sectores vasculares que ustedes hacen, pero tenés que elegir un nombre que impacte; por ejemplo, Total Body Angiography.
Hoy, casi cincuenta años después, este libro bien podría llamarse Total Body Angiography and Interventions, como homenaje a ese extraordinario y visionario hombre de ciencia que fue el doctor René Favaloro.

Es importante destacar que el mérito del programa inicial de la Carrera de Hemodinamia hay que hacerlo extensivo a todos los especialistas argentinos del CACI, ya que para la misma época el programa del primer TCT (1989) solo tenía cardiología intervencionista, al igual que el del primer programa del EuroPCR. En los programas del TCT y del EuroPCR, las intervenciones en carótidas, las renales y en la enfermedad vascular periférica se fueron agregando muchos años después de que fuera una práctica corriente de los cardioangiólogos intervencionistas en los Servicios de Hemodinamia de la Argentina.

Este libro trata de ese conocimiento y esa forma de trabajo.

Las dos primeras promociones (1990-1991 y 1992-1993) obtenían el título de Especialista en Hemodinamia y Angiografía General. En la Universidad de la Fundación Favaloro, con el doctor Hugo Londero como principal referente, creamos una Maestría en Terapéutica por Cateterismo de dos años de duración para especialistas en Hemodinamia, que complementa la formación de la Carrera de la UBA . Se efectuaron dos ciclos bianuales (1993-1994 y 1995-1996).

En ese momento, en el Hospital Naval pudimos disponer de transmisión directa de la Sala de Hemodinamia al Aula de Conferencias donde se dictaba la Carrera.

Decidimos entonces proponerle a la Facultad de Medicina la extensión de la Carrera con un tercer año dedicado al Intervencionismo. El proyecto fue aceptado por el Consejo Superior de la Facultad y aprobado por la Universidad de Buenos Aires. La Carrera entonces cambió su nombre por el actual: Carrera de Especialista Universitario en Hemodinamia, Angiografía y Cardioangiología Intervencionista. Comenzamos así la extenuante tarea de hacer transmisiones en vivo cada quince días, lo que se mantuvo a lo largo de algunos años. Y, consecuentemente, el Colegio Argentino de Hemodinamia cambió su nombre por el actual, el mismo que la Carrera.

La Carrera fue aprobada en el año 2003 por la Comisión Nacional de Educación y Acreditación Universitaria -CONEAU-, según resolución No 532/ 03, hecho de gran significación por el prestigio y seriedad de dicha Institución Nacional que acredita a todas las Universidades y carreras de pre y posgrado que voluntariamente lo soliciten.

El Programa de Actualización en Hemodinamia y Cardioangiología Intervencionista se realizó por primera vez en 2004, coincidiendo exactamente con el tercer año de la Carrera de Hemodinamia. Su objetivo es obtener la recertificación voluntaria en Cardioangiología Intervencionista que el CACI extiende por ocho años. Se repitió con buen interés de los especialistas, pero en forma independiente del dictado de la Carrera. A hora se inició el Séptimo Programa de Actualización en Hemodinamia y Cardioangiología Intervencionista (agosto de 2017-junio de 2019).

1989-2017: Los resultados

Durante un período de veintiocho años (1989-2017), diez promociones completaron la Carrera de Especialista Universitario en Hemodinamia, Angiografía y Cardioangiología Intervencionista, con un total de 442 Intervencionistas, 364 de la Argentina y 78 extranjeros de los siguientes países: Bolivia, Brasil, Bulgaria, Chile, Colombia, Costa Rica, Cuba, Ecuador, España, México, Perú, Uruguay y Venezuela (fig. 2).

Ingresaron a la 11a Promoción (julio de 2017-junio de 2020) 74 alumnos, 59 argentinos y 15 extranjeros (Bolivia, Colombia, Ecuador y Perú).

La Universidad de Buenos Aires tiene firmados convenios con prácticamente todos los países de Latinoamérica que permiten el ejercicio profesional con la convalida del título de especialista otorgado por la UBA. Existe una larga tradición, de muchas décadas, de médicos de todos los países latinoamericanos que han obtenido su Título Profesional de Grado y la Especialización de Posgrado en la UBA.

El bien ganado prestigio de la Universidad de Buenos Aires queda refrendado con el último Qs World University Rankings® 2017 (fig. 3/4). El ranking incluye a 1000 Universidades en 81 países, después de una valoración inicial de 4000 instituciones. En el mundo existen alrededor de 26.000 universidades. La Universidad de Buenos Aires está en el puesto número 75 entre las 1000 analizadas y es la número uno en Latinoamérica.

Con respecto a la UBA , quisiera agregar que en estos casi treinta años hemos gozado de la más absoluta libertad académica, esencial para elaborar programas cambiantes que siguieran el vertiginoso ritmo de la especialidad en el mundo.

Tampoco hay que olvidar el prestigio que otorga el hecho de ser la única universidad de Iberoamérica cuyos egresados han ganado cinco premios Nobel, tres de ciencias y dos de la Paz.

Se realizaron, entre 2004 y 2017, seis Programas de Actualización en Hemodinamia y Cardioangiología Intervencionista, destinados a intervencionistas con experiencia y laboralmente activos, con el objeto de obtener la Recertificación del CACI en la especialidad. De ellos, 145 finalizaron los programas. El próximo Programa de Actualización, que fue presentado a la Facultad de Medicina, se realizará entre julio de 2017 y junio de 2019, y tiene como inscriptos a profesionales de la Argentina, Colombia, República Dominicana y México.

El Colegio Argentino de Cardioangiólogos Intervencionistas, con una existencia de treinta y dos años (1985-2017), tiene 540 miembros activos (fig. 5). El 65% ha obtenido el título de Especialista Universitario en Hemodinamia, Angiografía y Cardioangiología Intervencionista. Más del 90% ha cursado la Carrera o el Programa de Actualización. El 10% restante está integrado por los pioneros de la especialidad en nuestro país, que, en forma desinteresada y abnegada, formaron a los jóvenes sabiendo que con sus enseñanzas los transformarían para siempre en competidores calificados.

Fuera de todo cálculo, aun el de los docentes más optimistas, fue el impacto que ha tenido en la Salud Pública nacional. A lo largo y a lo ancho de nuestro inmenso país, el octavo más grande del mundo, desde Jujuy hasta Ushuaia, desde Posadas hasta Bariloche, en cada ciudad de más de 50.000 habitantes, hay una Sala de Hemodinamia y Cardioangiología Intervencionista y un exalumno de la Carrera o de los Programas de Actualización trabaja brindando asistencia actualizada a quienes lo necesitan. De esa manera, si una persona que está de vacaciones en alguna de esas ciudades sufre un infarto agudo de miocardio, se le puede efectuar una angioplastia primaria en servicios que están ampliamente capacitados para hacerlo.

Pero mucho más frecuente es que un obrero sufra un accidente y requiera una arteriografía de urgencia para reparar una arteria, o tenga un accidente cerebrovascular transitorio y sea tratado de la mejor forma posible después del diagnóstico realizado con una angiografía cerebral, o que una isquemia coronaria aguda pueda ser revascularizada inmediatamente.

¿O alguien puede creer que en un país en vías de desarrollo es posible que un avión o un helicóptero trasladen a un obrero para que sea tratado en forma apropiada en una gran ciudad?

Este es un logro fundamental, una concreción colectiva con sentido social, obtenida por los cardioangiólogos intervencionistas argentinos en cuarenta años.

2017: Ahora, la Educación Médica Continua
La extraordinaria adhesión evidenciada por los cardioangiólogos intervencionistas argentinos a los programas educativos combinados de la Facultad de Medicina de la UBA y el CACI ha impulsado a los integrantes del área de Docencia a crear el instrumento de Educación Médica Continua, llamado e-book Hemodinamia y Cardioangiología Intervencionista.

Mediante su lectura y consulta sistemática los intervencionistas lograrán estos objetivos: 1) ampliar las indicaciones de los procedimientos terapéuticos que ya realizan; 2) aumentar el número de territorios vasculares que abordan con seguridad, y 3) orientar interconsultas con expertos para afianzar sus decisiones terapéuticas.

El e-book es original en varios aspectos, ya que no existe en la Argentina ninguna especialidad médica que integre en el posgrado los tres niveles educativos: una carrera para formar a los jóvenes, un Programa de Actualización para recertificar a los especialistas, y un e-book para una Educación Médica Continua. No hay nada parecido en español que permita aprender en nuestra propia lengua.

La instrucción básica dada a los autores fue la siguiente: poder de síntesis. El docente joven enseña más de lo que sabe; el docente maduro enseña todo lo que sabe; el docente experto enseña lo que el alumno necesita saber: eso es poder de síntesis.

Es posible conectarse mediante un link al Vademécum del CACI, que tiene la lista completa de materiales que ofrece la industria, en forma actualizada, para cada sector vascular o patología cardíaca tratada con técnicas intervencionistas.

Dr. Marcelo Ruda Vega
Director de la Carrera de Hemodinamia,
Angiografía y Cardioangiología Intervencionista
Facultad de Medicina - UBA
Septiembre 2017

Una nueva especialidad cardiológica

En estos días se ha informado a la opinión pública acerca de la creación de una nueva especialidad, que podrá cursarse en la Facultad de Medicina de la Universidad de Buenos Aires, con el auspicio de la Sociedad Argentina de Cardiología y de la Federación Argentina de esa especialidad. Se trata de la especialización en hemodinamia y angiopatía general.

Los procedimientos de estudio de los factores hemodinámicos constituyen un capítulo relativamente reciente de la disciplina cardiovascular y casi todos ellos se realizan mediante la cateterización de vasos, siendo de gran utilidad para el diagnóstico de arteriopatías, cualquiera sea su localización, de alteraciones de las cavidades cardíacas y de muchas otras patologías en diversos órganos o sistemas, tales como tumores y enfermedades del sistema nervioso central.

En los últimos tiempos, sin embargo, los hemodinamistas han adquirido una nueva destreza, como es la de dilatar vasos o cavidades cardíacas estrechadas, con la técnica que lleva la denominación de angioplastia. Para tener una idea de la proyección de este procedimiento bastaría señalar que la operación intrauterina que se llevó a cabo en fecha reciente en el corazón de un niño, antes de nacer, fue realizada con este método incruento, que también es de utilidad para evitar la cirugía cardíaca en casos de estenosis de las arterias coronarias.

La cardiología, como otras especialidades mayores, se ha convertido ya en una fuente de sub y superespecialización. Lo que en un principio fue una subespecialidad de la cardiología y de la radiología, es ya una superespecialidad con técnicas propias y grandes posibilidades, tanto desde el punto de vista diagnóstico como terapéutico, lo que justifica la creación de este curso universitario para su enseñanza.

Pero es necesario tener presente, al mismo tiempo, que esta atomización de la medicina, si bien permite un mejor estudio y tratamiento del enfermo en condiciones especiales, puede conspirar contra la unidad del manejo del paciente. Es deseable, por ello, que esta tendencia no reduzca exageradamente el campo visual del médico, haciéndolo olvidar que trata a seres humanos en su integridad de cuerpo y espíritu.

Figura 1. Editorial del diario "La Nación" del día 13 de marzo de 1990

MÉXICO
CUBA
ESPAÑA
BULGARIA
VENEZUELA
COSTA RICA
COLOMBIA
ECUADOR
BRASIL
PERÚ
BOLIVIA

RESULTADOS

**ENTRENAMIENTO Y
CERTIFICACIÓN
FELLOWSHIP/RESIDENCIA
FORMAL DE 3 AÑOS**

*442 intervencionistas
completaron el
Programa/Residencia:
364 de la Argentina y
78 de Latinoamérica.*

**28 AÑOS DE EXPERIENCIA:
1989-2017**

**PROGRAMA DE
ACTUALIZACIÓN DE 2 AÑOS
PARA RECERTIFICACIÓN EN
CARDIOANGIOLOGÍA
INTERVENCIONISTA**

*Recertificaron 141
intervencionistas
de Latinoamérica.*

**14 AÑOS DE EXPERIENCIA:
2004-2017**

CHILE

URUGUAY

ARGENTINA

Figura 2

MÉXICO
CUBA
ESPAÑA
BULGARIA
VENEZUELA
COSTA RICA
COLOMBIA
ECUADOR
BRASIL
PERÚ
BOLIVIA
CHILE
URUGUAY
ARGENTINA

QS WORLD UNIVERSITY RANKINGS® 2017

El ranking incluye 1000 universidades de 81 países, después de una valoración inicial de 4000 instituciones.

(En el mundo existen alrededor de 26.000 universidades).

La Universidad de Buenos Aires está en el puesto número 75 entre las 1000 analizadas y es número 1 en Latinoamérica.

Convalidación de títulos universitarios Libertad académica 5 Premios Nobel, 3 de Ciencias y 2 de la Paz

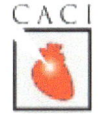

Figura 3

LAS MEJORES CIUDADES Y UNIVERSIDADES PARA ESTUDIAR

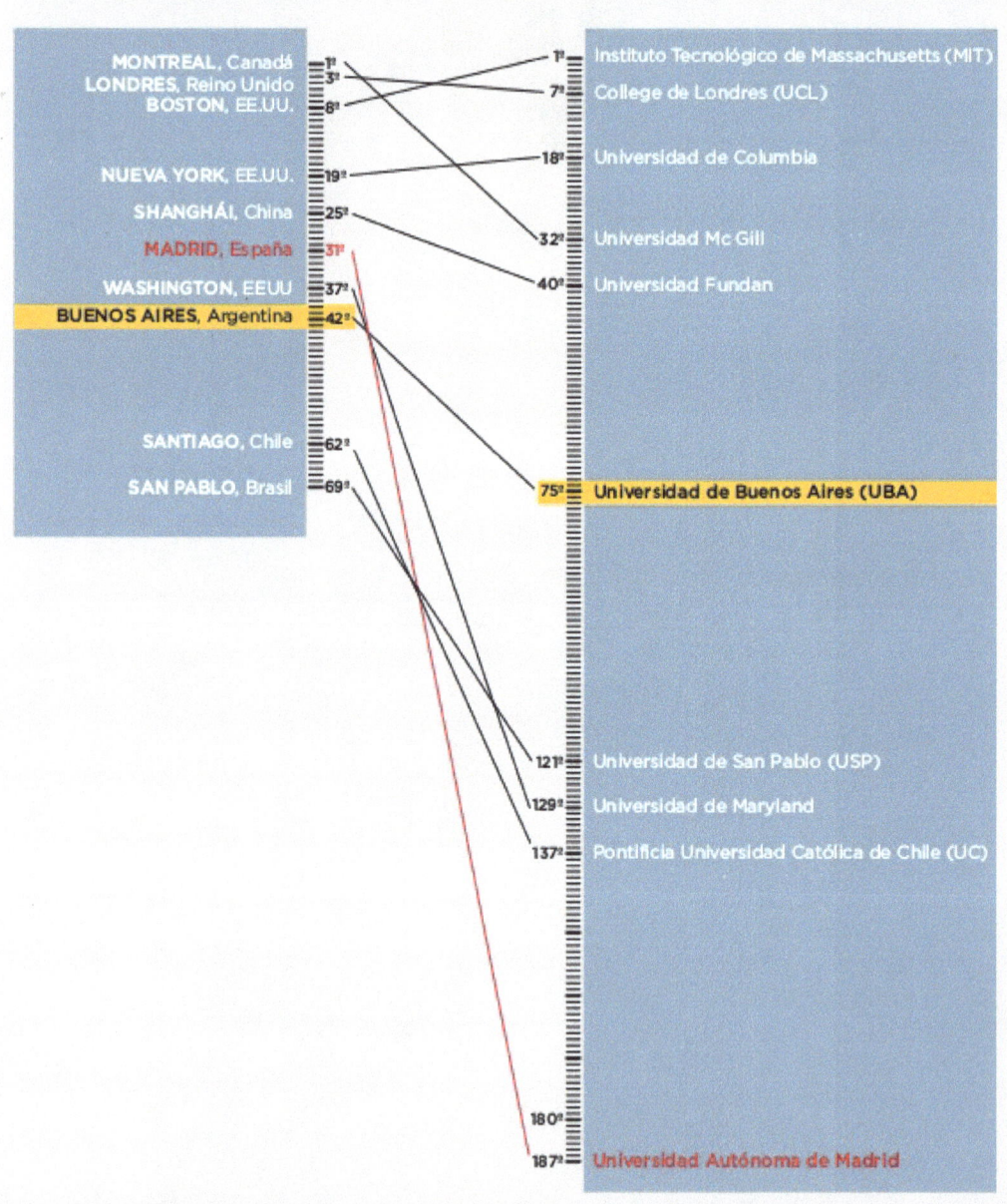

MONTREAL, Canadá — 1º
LONDRES, Reino Unido — 3º
BOSTON, EE.UU. — 8º

NUEVA YORK, EE.UU. — 19º
SHANGHÁI, China — 25º
MADRID, España — 31º
WASHINGTON, EEUU — 37º
BUENOS AIRES, Argentina — 42º

SANTIAGO, Chile — 62º
SAN PABLO, Brasil — 69º

1º — Instituto Tecnológico de Massachusetts (MIT)
7º — College de Londres (UCL)

18º — Universidad de Columbia

32º — Universidad Mc Gill
40º — Universidad Fundan

75º — Universidad de Buenos Aires (UBA)

121º — Universidad de San Pablo (USP)
129º — Universidad de Maryland
137º — Pontificia Universidad Católica de Chile (UC)

180º
187º — Universidad Autónoma de Madrid

Fuente: La Nación

MÉXICO   CUBA

ESPAÑA
BULGARIA

VENEZUELA

COSTA RICA

COLOMBIA

ECUADOR

BRASIL

PERÚ

BOLIVIA

CHILE

URUGUAY

ARGENTINA

CACI, COLEGIO ARGENTINO DE CARDIOANGIÓLOGOS INTERVENCIONISTAS

32 AÑOS, 540 MIEMBROS ACTIVOS

65% obtuvo el título de Cardioangiólogo Intervencionista Universitario al completar la Carrera de Especialista, Fellowship/Residencia de 3 años.

90% completó el Programa de Actualización de 2 años o la Carrera de Especialista de 3 años.

INTRODUCCIÓN

Dr. Juan Arellano, Dr. Dionisio Chambre, Dr. Alejandro Cherro,
Dr. Guillermo Migliaro, Dr. Marcelo Ruda Vega

E-BOOK HEMODINAMIA Y CARDIOANGIOLOGÍA INTERVENCIONISTA

La experiencia de veintiocho años obtenida con los programas educativos combinados de la Facultad de Medicina de la Universidad de Buenos Aires y el CACI ha impulsado a los integrantes del Área de Docencia a crear este instrumento de Educación Médica Continua, un texto en el cual se desarrollan todos los temas actuales de la especialidad. Sin embargo, fue necesario el estímulo de un alumno del último año de la Carrera de Hemodinamia, Promoción 2014-2017, el doctor Nicolás Esteibar, para que emprendiéramos este vuelo de largo aliento, porque él nos transmitió claramente la necesidad de concretar la publicación. Esta consta de los resúmenes de conferencias y videos en texto impreso y electrónico.

El e-book designa a un libro en formato digital descrito como materiales hipertextuales, es decir, libros digitales con texto enriquecido a través de enlaces y vínculos multimediales.

La estructura básica corresponde a un desarrollo efectuado en los últimos cuatro años, durante el quinto y el sexto Programa de Actualización, llamado e-Learning Update Program UBA-CACI "Cardioangiología Intervencionista" "Interventional Cardioangiology", que contiene conferencias, videos, casos en vivo editados, y conferencias virtuales de profesores internacionales, todas ellas grabadas durante los últimos dos años.

Estos textos tienen como destinatarios específicos a los cardioangiólogos intervencionistas que se inician en la especialidad (Residencias y Carrera de Especialista), así como a los intervencionistas experimentados que buscan la actualización necesaria para su práctica cotidiana.

El texto deberá funcionar como síntesis del contenido de cada presentación. El texto hipermedia podrá hacer referencia a los contenidos multimediales. De este modo, es muy importante resaltar el valor que aporta un e-book en términos de la posibilidad de redireccionar a los lectores a otro tipo de materiales que les permitan ampliar o complementar el conocimiento.

PLANIFICACIÓN DE LA EDICIÓN DEL LIBRO

TOMO I
Radiobiología y protección radiológica

TOMO II
Intervenciones en la patología aórtica y vascular periférica

TOMO III
Intervenciones en la enfermedad coronaria - ATC

TOMO IV
Intervenciones en cardiopatías estructurales adquiridas
Intervenciones en cardiopatías congénitas

TOMO V
Temas seleccionados de Radiología Vascular Intervencionista
Temas seleccionados de intervenciones neurorradiológicas

HEMODINAMIA Y CARDIOANGIOLOGÍA INTERVENCIONISTA

TOMO I: RADIOBIOLOGÍA Y PROTECCIÓN RADIOLÓGICA

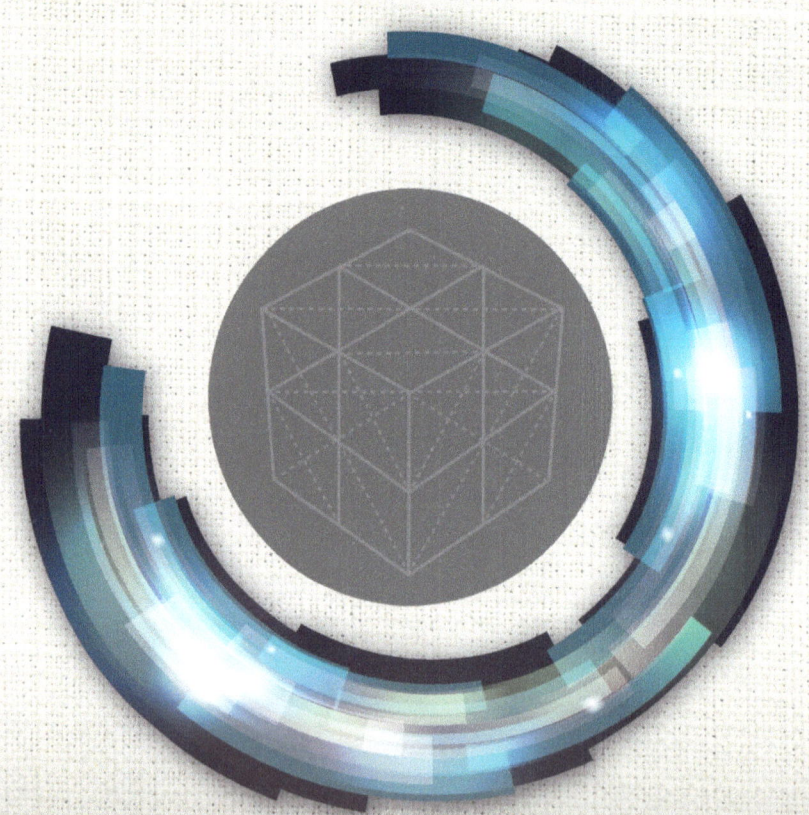

IDEA Y COORDINACIÓN: DR. MARCELO RUDA VEGA
COLABORADORES: DR. JUAN ARELLANO - DR. DIONISIO CHAMBRE -
DR. ALEJANDRO CHERRO - DR. GUILLERMO MIGLIARO
COLABORADOR INVITADO: DRA. AMALIA DESCALZO

ÍNDICE

1- PRÓLOGO

La actividad humana que expone a más personas a las radiaciones ionizantes es la práctica médica, y la Cardiología es uno de los mayores usuarios, con importantes beneficios para los pacientes. Un creciente número de intervenciones endovasculares guiadas por fluoroscopía, en distintos tejidos, ha permitido tratar exitosamente patologías vasculares de difícil acceso técnico o de alto riesgo si se aplican técnicas quirúrgicas convencionales.

Estos avances técnicos ocupan un espacio en la Cardiología Clínica y la Cirugía Cardiovascular, conformando el Heart Team, que fundamenta cuál es la mejor estrategia entre las distintas opciones terapéuticas, considerando la opinión del paciente y la de su médico de cabecera. A sí nace la Cardioangiología Intervencionista como especialidad, desde el momento en que los catéteres dejan de ser solo herramientas diagnósticas para ser además herramientas terapéuticas. La técnica guiada por fluoroscopía ha sido también desarrollada por otras especialidades médicas, como Urología, Gastroenterología, Traumatología, Anestesiología, Pediatría. Por lo tanto, el personal médico y su equipo, como trabajadores ocupacionalmente expuestos, deben conocer el riesgo radiológico y capacitarse en Protección Radiológica.

Las prácticas intervencionistas, por utilizar altas dosis, conllevan el riesgo de provocar efectos determinísticos en piel y cristalino, predominantemente. En bajas dosis, existe la probabilidad de que produzcan efectos estocásticos y no estocásticos, sobre todo cardiovasculares, aunque para estos últimos son necesarios más trabajos que permitan demostrar los mecanismos que los originan.

A la vez, debemos tener presente que las exposiciones a las radiaciones ionizantes de los pacientes en Cardioangiología Intervencionista son programadas y que se deben evitar las exposiciones innecesarias (Primum non nocere). El objetivo, entonces, depende de la justificación de la práctica y la optimización de la protección radiológica.

Estas breves consideraciones y otras muchas singularmente importantes han sido desarrolladas en este libro por reconocidos especialistas en el tema, con la conducción de la doctora Amalia Descalzo, contribuyendo así a jerarquizar la práctica médica intervencionista en nuestro país.

Juan Carlos Giménez
Radiopatólogo OPS/ OMS

2- COMENTARIO SOBRE LA RELEVANCIA DE LA PROTECCIÓN RADIOLÓGICA EN LAS PRÁCTICAS INTERVENCIONISTAS

Por Eliseo Vañó

Departamento de Radiología, Universidad Complutense, Madrid.
Comisión Internacional de Protección Radiológica (ICRP), Comité de Protección en Medicina.

Los programas de calidad en las prácticas intervencionistas guiadas por fluoroscopía deben incluir los aspectos de protección radiológica de los pacientes y de los profesionales implicados. Los riesgos radiológicos pueden ser relevantes en este tipo de prácticas y, aunque los beneficios clínicos de los procedimientos superan ampliamente esos riesgos, los principios de justificación y optimización deben tenerse presentes. Para los profesionales se aplican los límites de dosis ocupacionales y deben controlar sus dosis utilizando adecuadamente sus dosímetros personales y respetando los límites establecidos en la normativa nacional e internacional. La formación adecuada en protección radiológica (inicial y continuada), y su certificación por la autoridad competente, deben formar parte de los programas de calidad.

En patologías muy complejas, los pacientes pueden llegar a recibir dosis de radiación suficientemente elevadas como para producir lesiones, y esta es una de las razones por las que se aconseja (o se requiere, en ciertos países) la medida y el registro de las dosis que se imparten en los procedimientos intervencionistas. Con esto se puede verificar si los procedimientos se hacen con las dosis de radiación más bajas que sean compatibles con los objetivos clínicos de los procedimientos. Para ello, la Comisión Internacional de Protección Radiológica (ICRP por su sigla en inglés) recomienda que se utilicen los llamados "Niveles de Referencia para Diagnóstico" (DRL por su sigla en inglés). La optimización de los procedimientos intervencionistas debe hacerse sobre la base de esos DRL. Adicionalmente, cuando los pacientes superen ciertos umbrales de dosis, tienen que ser advertidos del riesgo de lesiones y se debe prever su seguimiento adecuado.

La reciente disminución de los umbrales de dosis para las cataratas radioinducidas ha llevado a que la ICRP haya recomendado un nuevo límite de dosis ocupacional para el cristalino, mucho más bajo que el existente hace unos años, y ello debe representar un mayor esfuerzo en las medidas de protección radiológica de todos los profesionales implicados en los procedimientos intervencionistas.

3- ¿POR QUÉ DEBEMOS PROTEGERNOS AL REALIZAR INTERVENCIONISMO CARDIOVASCULAR? ESTADO ACTUAL DE LA PROTECCIÓN RADIOLÓGICA (PR) EN CARDIOANGIOLOGÍA INTERVENCIONISTA EN LA ARGENTINA

ACCESO A VIDEO CLASE - Dra. Amalia Descalzo

Dra. Amalia Descalzo
"Hoy en día, los riesgos radiológicos causados por las aplicaciones médicas de la radiación son más importantes que los de la industria nuclear".

INTRODUCCIÓN

Cuando hablamos de Radiología Intervencionista (RI), nos referimos a procedimientos guiados por fluoroscopía, tanto diagnósticos como terapéuticos, que utilizan radiaciones (Rx) potencialmente dañinas si no se manejan con la debida experiencia.

Los beneficios de la especialidad para los pacientes son indiscutibles, y las ventajas son obvias. En general, no se requiere anestesia general, y el riesgo, el dolor y el tiempo de recuperación se reducen significativamente, además de que se puede tratar a pacientes con patologías graves, sin cirugía a cielo abierto. Sin embargo, los niveles de dosis involucrados se encuentran entre los más elevados que se utilizan en diagnóstico por imágenes.

El incremento en el número de procedimientos y en la complejidad de estos aumenta la posibilidad de efectos indeseados. En consecuencia, se requiere una capacitación de los intervencionistas en protección radiológica (PR), no solo inicial, sino constante y sistemática, durante toda su vida profesional.

Nuevos profesionales (cirujanos, urólogos, gastroenterólogos, neurólogos, traumatólogos, endoscopistas, etc.), expertos en sus áreas, incorporan el uso de equipos radiológicos, pero la mayoría de ellos no se encuentran suficientemente informados sobre la ocurrencia de daños potenciales vinculados a estos procedimientos, lo que aumenta aún más las posibilidades de lesiones por Rx.

A nivel individual, estas exposiciones, en circunstancias desfavorables y en ausencia de protección, han alcanzado los umbrales de las radiolesiones: en pacientes, principalmente en piel; en los cardiólogos, sobre todo en el cristalino y en zonas no protegidas, como manos y piernas.

Los cardioangiólogos intervencionistas ocupamos un lugar físico (en la sala), cercano al paciente (principal fuente de radiación dispersa o secundaria) y al tubo de Rx (principal fuente de radiación primaria y/o fuga), a veces durante varias horas; dependiendo de cómo utilicemos los sistemas de protección, la dosis recibida por los pacientes y por los profesionales será mayor o menor.

El objetivo de la protección radiológica es mantener las dosis tan bajas como sea razonablemente alcanzable –según el principio ALARA (As Low As Reasonably Acheivable)–, sin comprometer el diagnóstico. Para ello, es fundamental capacitarnos, a fin de evitar las radiolesiones y reducir los riesgos de inducción de cáncer a niveles aceptablemente bajos. Los principios de la PR son la justificación y optimización de la práctica, respetar y vigilar el límite de dosis para los profesionales, y utilizar los niveles de referencia para los pacientes. Estos son dos conceptos fundamentales:

• *Las dosis elevadas en pacientes inciden directamente en la dosis recibida por el médico que realiza la práctica como radiación dispersa o directa, muchas veces muy elevada.*

• *Cuando conocemos los protocolos correctos de trabajo, los efectos* indeseados pueden evitarse.

La capacitación implica, entre otros, los siguientes aspectos:

1. Uso adecuado de los elementos de protección del angiógrafo (pantallas de protección suspendidas del techo, cortinas de protección debajo de la mesa y otros blindajes portátiles, así como los sistemas para disminuir y optimizar los procedimientos).

2. Utilización de los elementos de protección personales (delantal, gafas y collar plomados).

3. Optimización de un protocolo de trabajo, etc.

CAPACITACIÓN Y ENTRENAMIENTO EN PROTECCIÓN RADIOLÓGICA EN LA ARGENTINA

El Colegio Argentino de Cardioangiólogos Intervencionistas (CACI), juntamente con la Facultad de Medicina de la Universidad de Buenos Aires, realiza una capacitación formal mediante un sistema de entrenamiento y acreditación, desde hace veintiocho años. Esta capacitación comprende dos niveles: uno inicial, mediante la Carrera de Especialista en Hemodinamia, Angiografía General y Cardioangiología Intervencionista (tres años de duración), y otro para profesionales en ejercicio de la práctica (recertificación), a través de un Programa de Actualización (dos años de duración).

Desde el inicio de la Carrera, se incluyó un Curso de Radiofísica Sanitaria, dictado por representantes del Ministerio de Salud de la Nación. Adicionalmente, desde el año 2008, se implementó un Programa de Radiobiología y Radioprotección, de 4-6 horas de duración, dictado por un conjunto interdisciplinario de profesionales pertenecientes a distintas instituciones (UBA, CNEA, ARN, SAFIM, SAR, CACI, Hospital de Quemados, representantes de empresas, angiógrafos y dosimetría). En el año 2013, se aumentaron las horas de clase a 16, divididas en dos jornadas. Finalmente, en ese mismo año, se aceptó el programa como materia dentro de la Carrera de Especialista. Se otorgaron 30 horas de duración, tal como lo indican las recomendaciones internacionales para el entrenamiento de Especialistas en Cardiología Intervencionista. El programa de la materia fue diseñado sobre la base de la Guía No 116 de la Comisión Europea, Guidelines on Education and Training in Radiation Protection for Medical Exposures, y de la Publicación 113 de la Comisión Internacional de Protección Radiológica (ICRP, por su sigla en inglés), Education and Training in Radiological Protection for Diagnostic and Interventional Procedures, dividido en cuatro jornadas.

COMISIÓN DE RADIOPROTECCIÓN RADIOLÓGICA PARA

INTERVENCIONISMO CARDIOVASCULAR

En nuestro país, en el año 2007, creé una Comisión de Protección Radiológica para Intervencionismo Cardiovascular, formada por un grupo interdisciplinario de profesionales capacitados en PR, pertenecientes a diferentes sociedades científicas, entidades gubernamentales y establecimientos de atención médica, como el Colegio Argentino de Cardioangiólogos Intervencionistas (CACI), la Autoridad Regulatoria Nuclear (ARN), la Comisión Nacional de Energía Atómica (CNEA), La Sociedad Argentina de Radioprotección (SAR), La Sociedad Argentina de Física Médica (SAFIM), el área de Radiofísica Sanitaria del Ministerio de Salud de la Nación, el Instituto de Medicina y Radiomedicina, el Hospital de Quemados de la CA BA (Comité de Radiopatología, coordinado por la doctora Mercedes Portas) y el área de Ingeniería Médica.

Trabajamos en el asesoramiento en PR, capacitación del personal, control de calidad del equipamiento, diagnóstico, tratamiento y seguimiento de paciente y personal sobreexpuesto o con sospecha de sobreexposición, así como en la evaluación de accidentes (registro protocolizado de lesiones en piel), en el país y en el exterior (jornadas, congresos y cursos sobre PR y en nuestra espacialidad).

COMISIÓN DE ACREDITACIÓN DE SALAS Y RADIOPROTECCIÓN DEL CACI

Desde la Comisión de Acreditación de Salas, el CACI trabaja para garantizar las condiciones de bioseguridad en los servicios de Hemodinamia, a través de la acreditación de las salas en todo el país, asegurando que se cumplan las normas nacionales e internacionales vigentes.

CONSENTIMIENTO INFORMADO

Como lo indican las normas nacionales e internacionales, el paciente debe ser advertido de los posibles riesgos por la exposición a los Rx. En consecuencia, el CACI ha unificado los consentimientos informados para cada práctica, donde figura un párrafo explicativo sobre los probables efectos de las radiaciones ionizantes.

DOSIMETRÍA PERSONAL DEL CACI

Las altas exposiciones ocupacionales durante la radiología intervencionista requieren la utilización de un adecuado equipamiento para el monitoreo del personal (Ley 17557 y su nota modificatoria, 2013). En la mayoría de los casos, un dosímetro personal usado debajo del delantal de protección proporcionará una estimación aceptable de la dosis efectiva. El uso de un dosímetro adicional a la altura del cuello, sobre el delantal de protección, dará información adicional sobre la dosis en la cabeza (cristalino). Además, es posible combinar la lectura de los dos dosímetros para obtener una mejor estimación de la dosis efectiva. Esta es la única manera de controlar las exposiciones de los profesionales. La vigilancia de las dosis recibidas debe estar a cargo de profesionales calificados (físico médico).

En la actualidad, hay un consenso general sobre el hecho de que no existe una dosimetría personal completamente eficiente. En el mercado, hay diferentes tecnologías disponibles (dosímetros de película fotográfica, termoluminiscentes y luminiscentes, ópticamente estimulados, etc.), que se han mostrado eficaces.

Sin embargo, en los últimos años, en algunos centros sanitarios de Iberoamérica, se han detectado deficiencias en el uso de los dosímetros de película fotográfica, lo que, sumado a la generalización del uso de otras tecnologías, hace recomendable una evaluación local de las opciones disponibles para el control de la dosis ocupacional mediante dosimetría personal, en caso de que las anomalías no puedan corregirse. Además, persisten dificultades respecto del acceso de los profesionales ocupacionalmente expuestos a la dosimetría personal, así como del uso adecuado de los dosímetros.

Teniendo en cuenta esta problemática, el CACI ha adquirido para los profesionales la dosimetría electrónica, que da la posibilidad de obtener la dosis instantáneamente y de llevar un registro permanente de la exposición a los Rx.
Además, se sumó la figura del físico médico, quien colabora en la vigilancia e interpretación de los resultados.

ANTECEDENTES DE INTERÉS

El Comité Científico de Naciones Unidas sobre los Efectos de la Radiación Atómica (Unscear por su sigla en inglés), la Comisión Internacional de Protección Radiológica (ICRP por su sigla en inglés) y el Organismo Internacional de Energía Atómica (OIEA), juntamente con otras organizaciones nacionales e internacionales, sociedades científicas y profesionales, han dedicado un gran esfuerzo en los últimos años para mejorar la seguridad radiológica en Cardioangiología Intervencionista.

En RI, la combinación de fluoroscopía localizada de larga duración, exposiciones múltiples y repetición de procedimientos puede causar lesiones agudas en los pacientes por radiación en la piel. Estos procedimientos requieren precauciones especiales.

Según la Unscear, entre 1992 y 1995, en los Estados Unidos se informaron a la Administración de Medicamentos y Alimentos (FDA , por su sigla en inglés) 26 casos de lesiones radioinducidas por fluoroscopía. En 1999, se registraron alrededor de 50 casos, muchos de ellos a causa de procedimientos de Cardiología.

Según la Directiva sobre Exposiciones Médicas de la Comisión Europea, en 1995, la RI se considera una "práctica especial" que involucra altas dosis de radiación y requiere el uso de medios de protección adecuados. La norma legislativa insiste en que se debe prestar especial atención a los programas de garantía de calidad, incluyendo controles de calidad y evaluaciones de dosis a los pacientes.

La Organización Mundial de la Salud (OMS) también se involucró en los aspectos de la seguridad radiológica en RI. En el año 2000, publicó un libro titulado Eficacia y seguridad radiológica en la Radiología Intervencionista.

El OIEA está llevando a cabo un Plan de Acción internacional (PR de los pacientes), con la RI como una de sus prioridades. El entrenamiento en PR de los cardioangiólogos intervencionistas ha constituido un importante esfuerzo durante los últimos años.

En la Publicación 85 de la ICRP (2001), se describen las lesiones y se dictan normas de prevención para pacientes sometidos a procedimientos diagnósticos y terapéuticos, y para los trabajadores que realizaron su especialidad durante años sin las medidas de protección adecuadas. La publicación incluye recomendaciones sobre cómo evitar el daño radiológico ocasionado por procedimientos intervencionistas médicos. La falta de capacitación sigue siendo el principal motivo por el cual existen efectos nocivos.

Durante la reunión anual de 2008 de la Unscear, se estimó que alrededor de la mitad de las dosis efectivas colectivas causadas por las prácticas diagnósticas en Radiología se originaban en tres procedimientos: tomografía computada (CT), angiografía y Cardiología Intervencionista. Se resaltaron los distintos aspectos de las lesiones radioinducidas por RI y se mostró una creciente preocupación por las altas dosis en piel a causa de procedimientos de Cardiología y de otros de RI mencionados en la Publicación 85 de la ICRP.

Las dos causas principales de daño radioinducido que se mencionaron fueron, por un lado, el uso de equipamiento inadecuado y obsoleto, y, por el otro, los procedimientos efectuados por personal insuficientemente entrenado en protección radiológica, con utilización de técnicas operativas deficientes. En algunos casos, se observó una incapacidad para reconocer las prácticas, lo que marca la importancia de la formación y entrenamiento en PR.

Es fundamental que todos los profesionales estén adecuadamente entrenados en las técnicas que van a aplicar en cada situación (estandarizar los protocolos de trabajo, registrar las dosis y controlar en las pantallas los modos de trabajo, entre algunas de las medidas de optimización; llevar un historial dosimétrico de los pacientes y de los operadores, etc.), como lo establece la ICRP, para evitar daños.

El principal problema que se mencionó en la Conferencia Iberoamericana sobre Protección Radiológica en Medicina (CIPRA M, 2016) fue la falta de cultura en PR, que puede resolverse con la incorporación de temas de PR en los programas de pre y posgrado para la formación de los profesionales de la salud. Se destacó la relevancia de la educación médica continua, objetivo central del e-Book de Hemodinamia y Cardioangiología Intervencionista, así como la necesidad de certificar los programas formativos. Tenemos que trabajar con las autoridades no solo del área de salud, sino también de educación, del país para que la PR forme parte de la formación desde el pregrado.

4 - JUSTIFICACIÓN DE LAS EXPOSICIONES MÉDICAS A LAS RADIACIONES IONIZANTES

ACCESO A VIDEO CLASE - Dra. Adriana Cascón

Dra. Adriana Cascón

El alcance de la exposición a las radiaciones ionizantes ha aumentado dramáticamente en los últimos tiempos y más del 90% de esta exposición es de origen médico. La mayor parte de la exposición proviene ahora de prácticas que no existían hace dos décadas. Para los profesionales de la protección radiológica, es evidente que esta innovación ha sido impulsada tanto por la industria de la imagen como por un conjunto cada vez mayor de nuevas aplicaciones generadas y validadas en el entorno clínico.

Debido a este incremento en las aplicaciones, así como al hecho de que las dosis involucradas son grandes en comparación con las de exposiciones ocupacionales, la protección radiológica de los pacientes ha cobrado una importancia mucho mayor. Desde el año 1997, el Consejo de la Unión Europea adoptó la Directiva 97/43/ Euratom relativa a la protección de la salud frente a los riesgos derivados de las radiaciones ionizantes en exposiciones médicas.

Desde entonces, la Organización Mundial de la Salud (OMS), el Organismo Internacional de Energía Atómica (OIEA, o IAEA por su sigla en inglés), la Unión Europea (EU) y otras organizaciones del mundo han trabajado intensamente para establecer e instalar en la comunidad el "Plan de Acción Internacional de Protección Radiológica del Paciente".

El aspecto básico de este programa ha sido establecer y promover la aplicación de normas internacionales de seguridad para la protección de la salud y la reducción al mínimo del riesgo para la vida, así como para la gestión y reglamentación de las actividades relacionadas con los materiales nucleares y radiactivos.

Dado que no es posible aplicar límites de dosis en las exposiciones médicas, los pilares de este plan de protección al paciente han sido la justificación y la optimización de las prácticas.

El principio de la justificación es muy simple: las prácticas deben producir un beneficio neto al individuo expuesto. Como otras prácticas, involucran un balance costo-beneficio, donde el beneficio neto debe ser demostrado sobre la base de la mejor evidencia médica disponible y actualizada. El beneficio debe equilibrarse con el riesgo. La teoría de la protección radiológica del paciente se basa en este equilibrio que favorece a los pacientes y no los expone a un riesgo innecesario.

El concepto de optimización se basa en obtener las mejores imágenes con la menor dosis posible; esto significa que, siguiendo el principio ALARA (As Low As Reasonably Achievable), las dosis deberán ser tan bajas como sea razonablemente alcanzable, sin deterioro de la imagen que se desea lograr para un diagnóstico.

No obstante, con el aumento de la dosis por examen, la cuestión de la justificación ha adquirido una nueva urgencia a la que el OIEA ha respondido vigorosamente en los últimos años.

En 2009, se realizó en Bruselas un workshop internacional sobre la justificación de las exposiciones médicas en diagnóstico por imagen, 1 donde, entre otras, se arribó a la conclusión de que si bien el beneficio de las aplicaciones médicas de las RI es claro y contribuye al cuidado y tratamiento del paciente, existe un incremento significativo excesivo de las prácticas de exámenes radiológicos; gran parte de esto surge de deficiencias y falta de conocimiento dentro de los sistemas de salud. Esto está ocurriendo en un contexto de uso médico cada vez mayor, con mayor dependencia de la tecnología y el consecuente incremento de las dosis. Asimismo, el problema es global y los medios para corregirlo también deben serlo. Las legislaciones no parecen haber sido eficientemente aplicadas en la práctica, particularmente en el aspecto de la justificación.

Ahora bien, el fundamento de este programa ha sido el hecho de observar que el 64% de las lesiones producidas por las radiaciones provienen de fuentes médicas. A modo de ejemplo, las intervenciones coronarias percutáneas complejas y los procedimientos de electrofisiología cardíaca se asocian con altas dosis de radiación. Estos procedimientos pueden dar lugar a dosis en la piel del paciente que son lo suficientemente altas como para causar lesiones por radiación y un mayor riesgo de cáncer; en particular, el tratamiento de las cardiopatías congénitas en los niños genera especial preocupación. Asimismo, el personal de los centros de cateterismo cardíaco puede recibir altas dosis de radiación si no se utilizan adecuadamente las herramientas de protección radiológica.

En la Unión Europea se llevó a cabo el Dose Datamed (publicado en dos partes: DDM I y DDM II), un proyecto de orientación para estimación de la dosis a la población a partir de las prácticas médicas que utilizan radiaciones ionizantes: "Orientación europea sobre la estimación de dosis de población procedente de procedimientos de rayos X médicos" (RP 154). 2 Este proyecto se llevó a cabo en diez países de la Unión Europea durante tres años, y fue publicado en 2008. La publicación también contenía los resultados de los estudios nacionales de exposición médica en diez países europeos. El objetivo era facilitar la implementación de las guías de Protección Radiológica 154. Entre otras cuestiones, se observó que no existen protocolos internacionales aceptados para evaluar la exposición de pacientes a procedimientos médicos que involucren rayos X, y que a la fecha existen más de 225 tipos de exámenes con rayos X o procedimientos intervencionistas guiados por rayos X de varios niveles de complejidad.

Todos estos aspectos han concluido en la necesidad de reforzar el Programa de Protección Radiológica de los pacientes, debido, entre otros factores, a la magnitud de las dosis involucradas; la certeza de que se prescriben estudios innecesarios; la toma de conciencia de los riesgos de la radiación; la importante variabilidad de dosis aplicadas en estudios semejantes; la ocurrencia de accidentes y lesiones graves, y la necesidad de proteger a los pacientes más sensibles.

A fin de llevar a cabo el Programa de Protección Radiológica de los pacientes, se sugirió el uso de tres herramientas suficientemente eficaces para facilitar y mejorar la justificación: conciencia, adecuación y auditoría. Se destacó la importancia de las auditorías clínicas para mejorar la justificación en radiología diagnóstica. Se insistió en garantizar que las cuestiones comerciales o de propiedad intelectual no inhiban este proceso, y en posibilitar la participación de los pacientes. También se insistió en la capacitación de los profesionales, haciendo hincapié en la formación de todos los profesionales que solicitan, llevan a cabo o interpretan imágenes que involucran radiaciones, quienes deben estar al tanto de los riesgos que los procedimientos implican, y se enfatizó que se debe dar prioridad a la investigación sobre los riesgos de las prácticas médicas.

La Comisión Internacional de Protección Radiológica (ICRP) destaca que la justificación opera en tres niveles. En el primer nivel, se acepta que el uso de la radiación en la medicina es más beneficioso que perjudicial para el paciente y, por lo tanto, se da por sentado y no se trata en las regulaciones. En el segundo nivel, se define y justifica un procedimiento específico con un objetivo (como las radiografías de tórax para los pacientes a los que se va a administrar un anestésico). El objetivo del segundo nivel de justificación es establecer si el procedimiento identificado mejorará el diagnóstico o proporcionará la información de manejo necesaria para el beneficio del grupo de pacientes involucrados. Quizá sea posible mejorar la justificación agudizando la definición del grupo que se va a exponer. Por último, en el tercer nivel, se requiere justificación de cada exposición individual, teniendo en cuenta el objetivo específico de la exposición y las características del individuo.

¿De qué manera llevaremos a cabo este programa?

• No solicitando estudios que no aportan nueva información.
• No repitiendo estudios innecesariamente.
• Manteniendo un diálogo abierto con los médicos especialistas sobre cuál es el estudio o la técnica más adecuada, en qué momento, y con qué frecuencia realizarlo.
• Recordando que un estudio de diagnóstico por imágenes útil es aquel que contribuye a modificar el diagnóstico o la conducta terapéutica; el resto son exposiciones innecesarias.

Destacamos que los profesionales que solicitan las prácticas médicas tienen la responsabilidad legal de asegurar que cada exposición esté "justificada".

Finalmente, tengamos siempre presente que lo primero es no dañar: *Primun non nocere.*

1 International Workshop on Justification of Medical Exposure in Diagnostic Imaging, Brussels, Belgium, 2-4 September 2009. Jointly Sponsored by the European Commission (EC) and the

International Atomic Energy Agency (IA EA).
2 https://ec.europa.eu/energy/sites/ener/ files/ documents/ RP180.pdf

---

5 - NOCIONES BÁSICAS DE LAS RADIACIONES IONIZANTES

ACCESO A VIDEO CLASE - Ing. Nancy Puerta

Ing. Nancy Puerta

RELEVANCIA

Figuran aquí las nociones básicas para entender la naturaleza de los átomos radiactivos, los principales tipos de radiación que existen y cómo interactúan con la materia. Se presentan las magnitudes de protección que se emplean para conocer el detrimento asociado a efectos estocásticos del personal ocupacionalmente expuesto, y cómo estimarlas a través de las magnitudes operacionales.

Se muestra, en particular, cómo se producen los rayos X, radiación que se genera en un proceso artificial (aceleración de electrones contra un blanco), y no debido al decaimiento radiactivo de un átomo inestable. Secreto: si el tubo de rayos X está apagado, no se emiten rayos X.

EL ÁTOMO

La materia que podemos ver y tocar está formada por partículas diminutas llamadas "átomos". A su vez, estos átomos están formados por tres tipos de partículas: protones, neutrones y electrones.

Los protones y los neutrones se encuentran juntos conformando el núcleo atómico. Los protones poseen carga eléctrica positiva, mientras que los neutrones son neutros. La masa de los protones y la de los neutrones es similar.
Los electrones son partículas cuya masa es unas 2000 veces menor que la de los protones o neutrones y que se encuentran orbitando el núcleo atómico. Los electrones tienen carga eléctrica negativa.

Los átomos se caracterizan por el número atómico, que representa la cantidad de protones que hay en el núcleo y que es igual a la cantidad de electrones que lo orbitan. Este número define el elemento químico. Así, por ejemplo, al carbono le corresponde el número atómico 6 (porque tiene 6 protones y 6 electrones), al oxígeno 8, al calcio 20, etcétera.

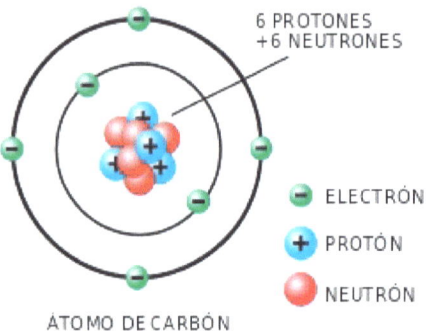

6 PROTONES
+6 NEUTRONES

- ELECTRÓN
+ PROTÓN
- NEUTRÓN

ÁTOMO DE CARBÓN

Figura 1. Estructura clásica del átomo 1

Si se ordenan todos los átomos de acuerdo con el número atómico, se obtiene la conocida tabla periódica de los elementos.

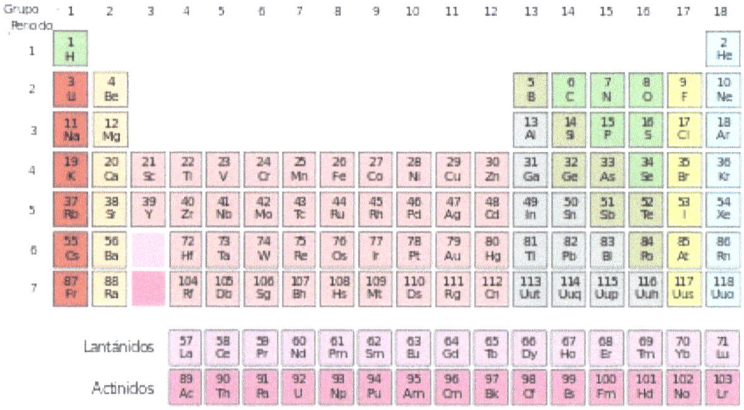

Figura 2. Tabla periódica de los elementos 2

La cantidad de neutrones que puede haber en el núcleo de los átomos no está definida como la cantidad de protones o electrones. Por ejemplo, podemos tener carbono con 6, 7 u 8 neutrones en el núcleo. A estas diferentes versiones de un elemento de acuerdo con la cantidad de neutrones se las llama "isótopos" del elemento.

Si tenemos que graficar una tabla periódica, pero teniendo en cuenta todos los isótopos de los elementos, llegamos a la conocida tabla de núclidos o isótopos.

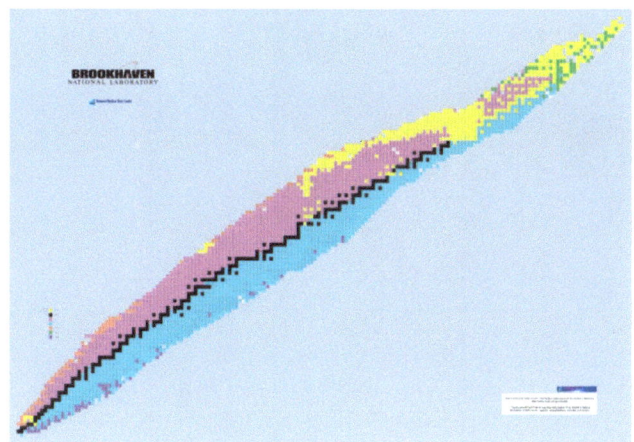

Figura 3. Tabla de núclidos 3

La mayoría de estos isótopos son inestables. Esto significa que sus núcleos se transforman espontáneamente emitiendo radiación hasta formar otro núcleo menor más estable.

TIPOS DE RADIACIÓN Y SU INTERACCIÓN CON LA MATERIA

Existen varios tipos de radiación, pero básicamente pueden clasificarse de esta manera: "radiación en forma de partícula" y "radiación electromagnética". Como ejemplo de radiación en forma de partícula, se encuentra la radiación alfa. En esta transformación, el núcleo emite una partícula formada por dos protones y dos neutrones (partícula alfa). Otra radiación en forma de partícula es la radiación beta, donde el núcleo radiactivo emite un electrón (o un positrón, que es lo mismo que el electrón, pero con carga positiva). Tanto las partículas alfa como las beta tienen carga eléctrica, lo que significa que interaccionan fuertemente con la materia y, en consecuencia, no viajan mucho porque pierden su energía con facilidad. En la radiación gamma, el núcleo no cambia estructuralmente, pero emite un paquete de energía llamado "fotón gamma".
Este paquete de energía se emite como radiación electromagnética y, al no tener carga eléctrica, interactúa menos con la materia, lo que permite que viaje mucho. A las radiaciones alfa, beta y gamma se las denomina "radiaciones ionizantes", dado que tienen la energía suficiente para arrancar electrones de los átomos y dejarlos en estado de ionización.

Los electrones presentan una forma de interacción con la materia que es de especial interés en la radiología. Debido a que estos poseen carga eléctrica, pueden ser acelerados en un campo eléctrico. Si al final de esa aceleración se los hace chocar con un blanco de un material denso, ocurre que la energía cinética de los electrones (es decir, la adquirida por su aceleración) es transformada, en parte, en radiación electromagnética. A esta radiación se la denomina "rayos X".
Estos parten del lugar en donde los electrones chocan con el blanco, convirtiéndolo en el productor de estos rayos. Los rayos X son radiación electromagnética, por lo que no tienen carga eléctrica y, al igual que los rayos gamma, pueden viajar mucho y atravesar la materia. La información que poseen cuando salen de un cuerpo que atravesaron es la que los médicos analizan para sacar conclusiones de lo que hay dentro de ese cuerpo.

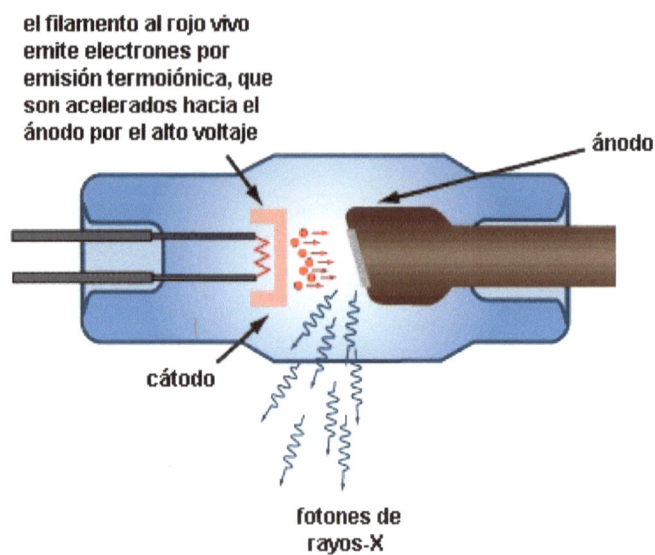

el filamento al rojo vivo emite electrones por emisión termoiónica, que son acelerados hacia el ánodo por el alto voltaje

ánodo

cátodo

fotones de rayos-X

Figura 4. Producción de rayos X 4

Cuando las radiaciones ionizantes llegan a la materia, interactúan de diversos modos y depositan energía. El cociente entre la energía depositada y la masa de la materia es lo que se llama "dosis absorbida de radiación". La unidad en que se mide esta dosis absorbida de radiación es el Gray.

MAGNITUDES DE PROTECCIÓN RADIOLÓGICA

Las personas que trabajan con fuentes de radiación deben ser protegidas de los efectos nocivos de estas. El primer paso de la protección es encontrar una magnitud medible cuya intensidad sea proporcional al daño producido.

Para conocer el detrimento asociado a los efectos estocásticos que genera la radiación ionizante cuando interactúa con una persona, se definen tres magnitudes de protección. En primer lugar, la dosis absorbida media en el órgano o tejido, DT, cuya unidad es el Gray, que corresponde a la energía

promedio impartida por la radiación en el órgano o tejido dividido por la masa del órgano o tejido. Segundo, si además tenemos en cuenta que los diferentes tipos de radiación producen un efecto biológico distinto en el órgano o tejido, se define la dosis equivalente en el órgano o tejido, HT, cuya unidad es el Sievert, y se determina como la dosis media en el órgano o tejido, ponderada por un factor de peso por radiación wR. En tercer lugar, si se quiere determinar el daño producido por los diferentes tipos de radiación en la persona, teniendo en cuenta que diferentes órganos tienen diferente radiosensibilidad, se puede definir una dosis efectiva de radiación, E, que está en relación directa con la probabilidad de contraer efectos estocásticos. Esta dosis efectiva se mide en Sievert. 5

MAGNITUDES OPERACIONALES

En la práctica, las magnitudes relacionadas con la protección, dosis equivalente y dosis efectiva, no son mensurables. Por consiguiente, para su evaluación se utilizan las magnitudes operacionales. El objetivo de estas magnitudes es proveer una estimación conservadora del valor de las magnitudes de la protección. Es así como las magnitudes operacionales "equivalente de dosis personal", HP(10), que miden los dosímetros personales, y "equivalente de dosis ambiental", H*(10), que miden los monitores de área, se usan para estimar la dosis efectiva, E, en la persona. En cambio, las magnitudes operacionales, HP(3) y HP(0,07), sirven para estimar la dosis equivalente, HT, en cristalino y en piel, respectivamente. 6

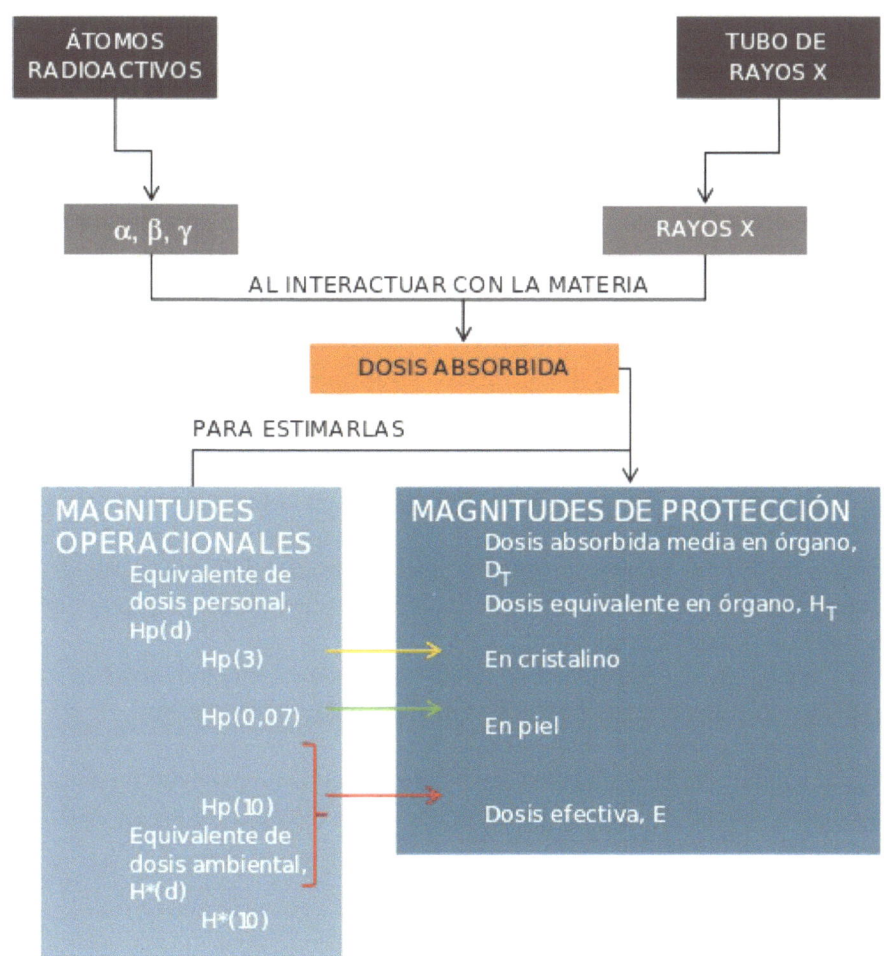

1 Recuperado de https://energia-nuclear.net/ definiciones/ atomo.html

2 Recuperado de https://en.wikipedia.org/ wiki/ Periodic_ table

3 Recuperado de http:// www.nndc.bnl.gov/ nudat2/

4 Recuperado de
http:// la-mecanica-cuantica.blogspot.com.ar/ 2009/ 08/ la-espectroscopia-de-rayos-x.html

5 ICRP publicación 103. Las recomendaciones 2007 de la Comisión Internacional de Protección
Radiológica. Traducción oficial al español. Editada por la Sociedad Española de Protección
Radiológica, A nn. ICRP 37(2-4), 2007.

6 Ídem nota 5.

6 - EFECTOS BIOLÓGICOS DE LA RADIACIÓN

ACCESO A VIDEO CLASE - Lic. Diana Dubner

RELEVANCIA DEL TEMA

Los procedimientos de Radiología Intervencionista están entre las exposiciones de imágenes médicas que imparten las dosis de radiación más altas a los pacientes, similar en algunos procedimientos a las dosis en piel que se reciben en fracciones de radioterapia. Asimismo, los médicos especialistas y otros profesionales de la salud que trabajan en las salas de intervención pueden estar expuestos a niveles significativos de radiación dispersa.

BASES RADIOBIOLÓGICAS

La radiación causa excitación o ionización en un sistema biológico, en particular en el nivel de moléculas críticas (proteínas, enzimas, ADN, etc.), por acción directa de la energía entregada (efectos directos). Dado que los sistemas biológicos son sistemas esencialmente acuosos, la energía absorbida también generará moléculas intermediarias con gran reactividad química (radicales libres), dando lugar a los mecanismos secundarios o indirectos de daño (efectos indirectos), predominantes en las exposiciones con rayos X o radiación gamma.

La hipótesis original sobre la cual se ha desarrollado la comprensión de los efectos de las radiaciones asume que el daño al ADN cumple un rol fundamental en el daño celular radioinducido.

Con el fin de mantener la integridad del ADN, la célula responde con una compleja red de señalización celular que conduce a células viables, a células transformadas con mutaciones en su ADN, o a la muerte celular.

REACCIONES TISULARES (EFECTOS DETERMINÍSTICOS)

Si como consecuencia de la irradiación se produce la muerte de un número de células suficientemente elevado de un órgano o tejido, habrá una pérdida de función del órgano, que se conoce como efecto determinístico o reacción tisular.

• Se produce a partir de un cierto umbral de dosis.
• Su gravedad y su frecuencia aumenta con la dosis.
• Ocurre tras exposición a dosis relativamente altas de radiación.

Los ejemplos incluyen opacidad del cristalino, lesiones en piel, depleción de la médula ósea –que lleva a deficiencias hematológicas– y daño en células gonadales, que se manifiesta como disminución o pérdida de la fertilidad.

Los tejidos que proliferan rápidamente presentan una mayor radiosensibilidad (médula ósea, epitelio de la mucosa intestinal, epidermis) respecto de los tejidos con baja actividad proliferativa (conectivo, hepático, renal, neuroglia, músculo, hueso).

Los dos órganos de mayor riesgo en Radiología Intervencionista son la piel y el cristalino.

En el caso de la piel, se presenta lo que se define como síndrome cutáneo radioinducido, efectos que son detectables entre algunas horas y algunas semanas después de la irradiación con valores de dosis umbrales que superen los 2Gy. Típicamente, estos efectos son eritema, depilación, pigmentación, epitelitis seca y epitelitis húmeda. Las lesiones por radiación en la piel pueden manifestarse varios meses después de la exposición, y el diagnóstico puede ser tardío y llevar a confusión si no se sospecha la causa. Las lesiones cutáneas suelen estar en la parte posterior del tronco, espalda, escápula y axila (dependiendo del tipo de procedimientos).

El cristalino es especialmente sensible a la radiación y la exposición puede conducir a la opacidad y formación de cataratas. Luego de la exposición, los cambios pueden demorar en detectarse entre algunos meses y más de 20 años.

Se observó que el período de latencia es inversamente proporcional a la dosis. Sobre la base de nuevas evidencias, en una declaración del año 2011, el Comité Internacional de Protección Radiológica (ICRP, por su sigla en inglés) disminuyó de 5Gy a 0,5 Gy el umbral de dosis para el efecto, y propuso un nuevo límite de la dosis ocupacional de 20 mSv/ año en lugar de 150 mSv/ año.

EFECTOS ESTOCÁSTICOS

Si el daño radioinducido en el ADN no es reparado de manera adecuada pero la falla resultante (mutación) es compatible con la viabilidad celular, esta célula transformada puede dar origen a los denominados efectos estocásticos: cáncer (efecto somático) y efectos hereditarios (efecto genético).

• Se acepta que no presentan umbral de dosis.
• La probabilidad de ocurrencia aumenta con la dosis.
• La severidad es independiente de la dosis.

Estos efectos tienen lugar tras exposiciones a dosis o tasas de dosis bajas de radiación y se manifiestan tardíamente, años después de la exposición.

La cuantificación del riesgo de cáncer radioinducido en humanos se basa fundamentalmente en estudios epidemiológicos que comparan riesgos entre poblaciones expuestas y no expuestas (diferencias significativas para dosis mayores de 0,1 Sv).

Los resultados muestran que hay algunos cánceres altamente radiogénicos: leucemia (excepto la leucemia linfocítica crónica), de mama, de tiroides. Hay otros con una susceptibilidad media, como el de vejiga, colon, estómago, esófago, pulmón, ovario, piel (excepto melanoma), y otros que hasta ahora no han demostrado un riesgo significativo, como el cáncer de recto, próstata, útero y parénquima renal.

Una población de particular interés son los niños y jóvenes, por su mayor expectativa de vida y porque para algunos tipos de cáncer resultan claramente más radiosensibles que los adultos. Entre un 5 y 20% de las intervenciones (dependiendo de los procedimientos) se llevan a cabo en pacientes menores de 40 años.

Sobre la base de los modelos de riesgo desarrollados a partir de datos epidemiológicos, se estima que el coef ciente nominal de riesgo (ambos sexos, todas las edades) de mortalidad por cáncer por exposición a bajas dosis es de 5% Sv-1. Esto significa que si una población se ve expuesta a una dosis total de 1 Sv a lo largo de su vida, aumenta un 5% el riesgo de mortalidad por cáncer, sobre la tasa espontánea de mortalidad por cáncer de la población (actualmente, un valor medio del 25%).

En cuanto a los efectos hereditarios, no se ha demostrado su ocurrencia en forma epidemiológicamente significativa en el hombre. Como esto sí se ha observado en experimentación animal, por extrapolación se estima un riesgo hasta la segunda generación de 0,5% Sv -1.

EFECTOS NO CENTRADOS

El dogma de la Radiobiología, tal como se ha presentado, asume que la exposición de la célula a la radiación ionizante y liberación de energía en el núcleo (DNA) es lo que conduce a los efectos observados sobre la salud.

Este concepto ha cambiado por el hallazgo, a partir de la década de 1980, de la existencia de efectos radioinducidos, denominados "efectos no centrados" (no relacionados directamente con la célula irradiada). Dos de estos efectos principales son el efecto de vecindad (efecto bystander) y la inestabilidad genómica.

Efecto de vecindad (efecto bystander)

Mutación y muerte celular, observadas en células no irradiadas, pero que se hallan vecinas a las irradiadas.

Inestabilidad genómica

Luego de sucesivas divisiones normales, las descendientes de células irradiadas presentan aparición de nuevas mutaciones y/o nuevas aberraciones cromosómicas u otros cambios genéticos. Estos efectos no clonales aparecen en células que nunca han sido irradiadas. Son efectos predominantes a bajas dosis (< 0,1 Sv).

La relevancia de estos efectos en el riesgo de efectos sobre la salud no está claramente establecida. De acuerdo con los Annals of the ICRP: Publication 103 (2007), aunque hay más conocimientos sobre el tema, estos son actualmente insuficientes para incorporarlos a la radioprotección.

Referencias
Joiner, Michael y Van der Kogel, Albert: Basic Clinical Radiobiology, 4th Edition (2009), Abingdon, Oxon, CRC Press.
Annals of the ICRP: Publication 103 (2007).
Annals of the ICRP: Publication 118 (2012).

---

7 - NAGASAKI, ABRIL DE 2016: 61 AÑOS DESPUÉS

ACCESO A VIDEO CLASE - Dr. Marcelo Ruda Vega

Dr. Marcelo Ruda Vega

*"Para lograr la paz
todos los caminos son buenos,
incluso la guerra".*

En Nekrasov, de J ean-Paul Sartre

El 9 de agosto de 1945, a las 11:02, Estados Unidos arrojó la segunda bomba atómica.

En septiembre de 2017, los jefes de gobiernos incomprensibles para la mayoría de los humanos – encabezados por Donald Trump, de Estados Unidos, y Kim Jong-un, de Corea del Norte– reivindican la posibilidad de un ataque nuclear para confirmar lo expresado por J ean-Paul Sartre en su notable sátira.

Dicen que todos los buenos fieles musulmanes deben ir en peregrinación a La Meca por lo menos una vez en la vida. Para comprender acabadamente el siglo XX, creo que los europeos y los americanos (del sur, del centro y del norte) deberían visitar alguna vez el campo de concentración de Auschwitz, y los museos de Hiroshima y Nagasaki. Se trata de una experiencia inconmensurablemente conmovedora, que los visitantes rememoramos una y otra vez a lo largo de toda la vida. Y que vuelve a la memoria al leer los diarios o escuchar las mentiras de algunos gobernantes, manipuladas por cierta prensa internacional (o las mentiras de la prensa interesada que manipulan a los gobernantes), con inconfesables fines de perpetuación dictatorial o en aras de una lucrativa carrera armamentista.

Visité con mi esposa la ciudad de Nagasaki, como una escala de un crucero por el sudeste asiático. En menos de quince minutos, espero que ustedes, como nosotros, se sorprendan al ver cuatro cosas que fueron cambiando radicalmente nuestro estado de ánimo durante la visita: el horror de la destrucción provocada por la bomba atómica; las enseñanzas científicas sobre el efecto de las radiaciones ionizantes, que derivaron del seguimiento estricto de los sobrevivientes; el homenaje de la comunidad internacional a las víctimas; Nagasaki 2016, un canto a la vida y a la paz del mundo.

---

8 - EMBARAZO E IRRADIACIÓN MÉDICA

ACCESO A VIDEO CLASE - Lic. Diana Dubner

Lic. Diana Dubner

INTRODUCCIÓN AL PROBLEMA

Históricamente, se pensó que todas las formas de radiación, incluyendo la diagnóstica y la terapéutica, debían ser evitadas durante la gestación. Esto llevó no solo a la preocupación y ansiedad en el público, sino también a retrasos en el diagnóstico y tratamiento, con potenciales efectos adversos en la salud materna y fetal.

Es posible demostrar que las dosis prenatales de la mayoría de los procedimientos diagnósticos realizados adecuadamente no presentan incremento de riesgo medible de muerte prenatal, malformación o daño mental.

ANÁLISIS DE LA SITUACIÓN

Posibilidad de exposición

i) Exposiciones planificadas.

Pacientes que requieren exploraciones radiológicas o de medicina nuclear, o incluso terapia durante la gestación. Evaluación de funciones valvulares o escopía de implantes, o situaciones que requieren cateterismo cardíaco.

ii) Exposición accidental en el embarazo.

iii) Exposiciones ocupacionales durante el embarazo.

iv) Exposición de la mujer con capacidad reproductiva.

RIESGO DE IRRADIACIÓN PRENATAL

Durante buena parte del desarrollo, el embrión/ feto está constituido por sistemas muy indiferenciados, con un índice mitótico alto y una elevada capacidad de proliferación. Estas características le confieren una alta radiosensibilidad. El espectro de efectos esperables se relaciona con la dosis absorbida y la edad gestacional. Cronológicamente, en el desarrollo humano se pueden distinguir los siguientes períodos:

• Período de preimplantación: hasta alrededor del 10° día
posconcepción (pc).
• Período de mayor organogénesis: desde la 3a semana hasta casi el final
del segundo mes pc.
• Período fetal temprano: de la 8a a la 15a semana pc.
• Período fetal medio: de la 16a a la 25a semana pc.
• Período fetal tardío: de la semana 26 al fin del embarazo.

Período de preimplantación
Durante el período de preimplantación, las células embrionarias son totipotenciales. En este estadio del desarrollo, la irradiación tiene un efecto de todo o nada: o bien la irradiación puede causar la muerte embrionaria, o bien el desarrollo y la sobrevida posnatales son normales. El riesgo máximo en modelos animales podría estar en el orden del 1 o 2% de muerte en los primeros estadios después de una dosis de 100 mGy.

Período de mayor organogénesis
La muerte celular puede detener el desarrollo de un órgano o una de sus partes y cursar, así, anormalidades. Sobrevivientes de Hiroshima y Nagasaki expuestos in utero mostraron microcefalia y retraso en el crecimiento, y la probabilidad se incrementó con la dosis. Dosis umbral ~ 100 mGy.

Período fetal temprano y medio
Durante las 8 a 25 semanas posconcepción, el sistema nervioso central (SNC) en desarrollo es particularmente sensible a la radiación.

Dosis fetales por encima de 100 mGy pueden producir cierta reducción del coeficiente intelectual (IQ por su sigla en inglés).

Las dosis fetales en el rango de 1000 mGy (1 Gy) pueden producir retraso mental severo, en particular durante las semanas 8 a 15 (40%/ Gy) y menos de la 16 a la 25 (10%/ Gy). Los umbrales de dosis se encuentran en 400-500 mGy.

Período fetal tardío
La irradiación en este período no provoca malformaciones, pero puede ocasionar depleción celular, en particular del sistema hematopoyético.

Radiocarcinogénesis asociada a irradiaciones prenatales

Actualmente, se asume que el riesgo de cáncer es constante a lo largo del embarazo y se acepta que el riesgo de inducción de cáncer por exposición prenatal es del mismo rango del que se observa por exposición durante la niñez: un factor 2-3 más alto que el riesgo en adultos.

Exposición de la mujer con capacidad reproductiva

No se ha podido demostrar en forma epidemiológicamente significativa que la irradiación preconcepción de gónadas de cualquiera de los padres provoque un incremento del riesgo de cáncer o malformaciones en los niños. Los estudios más importantes incluyen a sobrevivientes de Hiroshima y Nagasaki, así como a pacientes que han sido tratados con radioterapia en la niñez.

IMPLICANCIAS EN PROTECCIÓN RADIOLÓGICA

Una práctica médica en una mujer gestante está debidamente justificada si el riesgo que implica para la madre el hecho de no efectuarla supera el riesgo potencial de daño al embrión/ feto asociado a la práctica.

RESUMEN DE RIESGO EN FUNCIÓN DE LA DOSIS

DOSIS (MGY)	RIESGO
< 50	BA J O
50-100	INCIERTO
100-500	SIGNIFICATIVO (1° Y 2° TRIMESTRE)
> 500	A LTO (TODOS LOS TRIMESTRES)

Una vez justificado el procedimiento, se deberá optimizar la práctica para crear las condiciones que permitan administrar la menor dosis en el útero, garantizando el propósito diagnóstico/ terapéutico.

La manera en la cual el examen es realizado depende de si el embrión/ feto estará en el haz directo y si el procedimiento requiere una dosis alta. Dosis fetales de 100 mGy no se alcanzan aun con 3 escaneos pélvicos de tomografía computada o más de 20 diagnósticos convencionales de exámenes con rayos X. Estos niveles pueden alcanzarse con procedimientos de intervencionismo guiados por fluoroscopía en pelvis, o con radioterapia.

Respecto de la exposición ocupacional, la base es la misma para el hombre y para la mujer no embarazada. Sin embargo, si una mujer informa a su empleador de un embarazo, se deben considerar controles adicionales a fin de lograr que el nivel de protección para el embrión/ feto sea similar al previsto para miembros del público. La mujer embarazada puede trabajar en un ambiente con radiación, siempre que se asegure que la dosis en el feto no supere 1 mGy desde la notificación del embarazo hasta el final de la gestación, o 2 mGy en la superficie del abdomen.

Referencias
Embarazo e irradiación médica (1999). Publicación ICRP-84.
Se puede descargar de la página de la Sociedad Argentina de Radioprotección (SAR):
http://www.radioproteccionsar.org.ar/

9 - SÍNDROME AGUDO DE RADIACIÓN (SAR)

ACCESO A VIDEO CLASE - Lic. Andrés Rossini

Lic. Andrés Rossini

GENERALIDADES

Se define como síndrome agudo de radiación (SAR) al conjunto de los signos y los síntomas que se manifiestan en respuesta a una exposición aguda a radiaciones ionizantes de todo el cuerpo, cuya severidad depende de la magnitud de la dosis absorbida y de su distribución temporoespacial.

El SAR es una manifestación del tipo determinístico, por lo que se desarrolla sollo si se supera un cierto umbral de dosis. Para exposiciones agudas y únicas, este umbral se encuentra entre 0,8 y 1 Gy.

De acuerdo con la dosis absorbida en todo el cuerpo, se pueden distinguir las siguientes formas del síndrome agudo de radiación (SAR):

• Hematopoyética: para dosis comprendidas entre 1 y 10 Gy.
• Gastrointestinal: para dosis entre 10 y 20 Gy.
• Neurovascular: para dosis superiores a 20 Gy.

Tanto la severidad como la cronología de aparición de las manifestaciones clínicas del SAR dependen de la dosis asociada a la exposición y se manifiestan en función de esta dosis, como se resume a continuación:

• Dosis <0,25 Gy: no hay manifestaciones clínicas. Se detecta sollo un aumento en la frecuencia de aberraciones cromosómicas en linfocitos.

• Dosis comprendida entre 0,25 y 1 Gy: sin síntomas o náuseas transitorias. Disminución de linfocitos en sangre; a veces, leve reducción del número de plaquetas. En algunos pacientes, se registran cambios en el electroencefalograma. El tratamiento es sintomático. Se indica vigilancia médica durante algunos días.

• Dosis comprendida entre 1 y 2 Gy: grado leve de la forma hematopoyética del SAR. En un porcentaje de los sobreexpuestos, se presentan náuseas y vómitos en las primeras horas. Entre las 6 y 8 semanas, hay una discreta disminución del número de neutrófilos y plaquetas, que no llega a comprometer el pronóstico vital. Se debe realizar seguimiento hematológico. La mayoría de los pacientes se recupera sin tratamiento.

• Dosis comprendida entre 2 y 4 Gy: grado moderado de la forma hematopoyética. La mayoría de los sobreexpuestos presentan náuseas y vómitos luego de 1 o 2 horas. El nivel más bajo en el número de neutrófilos y plaquetas (nadir) se alcanza entre las 3 y 4 semanas postirradiación, y puede acompañarse de fiebre y hemorragias. Con las condiciones terapéuticas actuales, estos pacientes se pueden recuperar.

• Dosis comprendida entre 4 y 6 Gy: grado severo de la forma hematopoyética. Las náuseas y los vómitos aparecen luego de 30 minutos o 1 hora; la diarrea, luego de las 2 horas. Hay fiebre y eritema en piel y mucosas. Los valores más bajos en el recuento de neutrófilos y plaquetas ocurren entre la

2a-3a semana, y persisten durante 2 semanas. Sin tratamiento, la mayoría de los pacientes muere como consecuencia de hemorragias e infecciones. Sin embargo, si se aplica tratamiento de sostén, la mayoría de los sobreexpuestos tiene posibilidad de recuperación.

• Dosis comprendida entre 6 y 10 Gy: grado extremadamente severo de la forma hematopoyética. Las náuseas y los vómitos aparecen dentro de los 30 minutos posteriores a la sobreexposición. Un alto porcentaje de sobreexpuestos presentan diarrea en 1 o 2 horas. Los niveles más bajos de neutrófilos y plaquetas se detectan a los 10-14 días. Sin el tratamiento correspondiente, la mortalidad alcanza el 100%. Si la terapia es la apropiada, y se aplica tempranamente, una fracción de los sobreexpuestos se puede recuperar. La mortalidad en estos casos está dada por la asociación entre la grave insuficiencia hematopoyética y lesiones en otros órganos, como el tracto gastrointestinal y el pulmón.

• Dosis > 10 Gy: se desarrollan las formas gastrointestinal, cardiovascular y neurológica. Para irradiación homogénea, aun con tratamiento, la letalidad es del 100%.

Además de estos síntomas, el SA R presenta un comportamiento característico en su progresión, evolucionando clínicamente en 4 fases sucesivas:

1. Etapa prodromal.
2. Período de latencia.
3. Fase crítica (o período de estado).
4. Recuperación o muerte.

1. Etapa prodromal
Se desarrolla durante las primeras horas siguientes a la irradiación, y se inicia con fatiga que, en algunos casos, puede evolucionar hacia la apatía, debilidad extrema o postración. Otros signos y síntomas incluyen anorexia, náuseas, vómitos, diarrea, cefalea, eritema y fiebre. Estas manifestaciones clínicas tienen duración variable, dependiendo de la dosis recibida, y desaparecen espontáneamente, dando lugar a la fase de latencia.

Cuanto mayor es la dosis recibida, más precoces son las manifestaciones prodromales y mayor es su intensidad y su duración. Si bien los síntomas se manifiestan de manera variable de acuerdo con las características individuales de cada uno de los afectados, por consenso se ha definido una relación dosis-respuesta para diferentes signos y síntomas de la etapa prodromal del SAR.

Uno de ellos ha sido la dosis efectiva 50 (DE50), es decir, la dosis necesaria para producir una determinada respuesta en el 50% de las personas expuestas. Como resultado de esto, se ha descripto la siguiente relación para cada síntoma de esta fase prodromal en función de la dosis:

DE 50 PARA SÍNTOMAS PRODROMALES
RESPUESTA DOSIS (GY)
ANOREXIA 0,63
NÁUSEAS 1.54
VÓMITOS 2,30
DIARREA 3,02

2. Período de latencia

No hay manifestaciones clínicas, es decir que el accidentado permanece asintomático. Este período tiene una duración variable y será tanto más corto cuanto mayor haya sido la dosis.

3. Fase crítica
La enfermedad se manifiesta expresando todos los síntomas en función de la dosis absorbida.

4. Recuperación o muerte
El síndrome puede resolverse de forma favorable o desencadenar un proceso que culmine en deterioro generalizado y muerte.

Síndrome agudo de radiación	Duración aproximada (para el síndrome hematopoyético)
Tiempo de aparición de los síntomas	Minutos a horas
Fase prodromal	1-7 días
Período de latencia	7-21 días
Fase crítica	Desde la 2a-3a semana hasta la 7a semana
Recuperación	8-15 semanas

FORMA HEMATOPOYÉTICA DEL SAR

El síndrome hematopoyético se produce con dosis de 1-10 Gy en todo el cuerpo. La figura 1 muestra la variación en el tiempo de los distintos tipos de células sanguíneas en el hombre después de diferentes dosis de radiación. La muerte puede ocurrir por falla de la función de médula ósea (aplasia medular radioinducida).

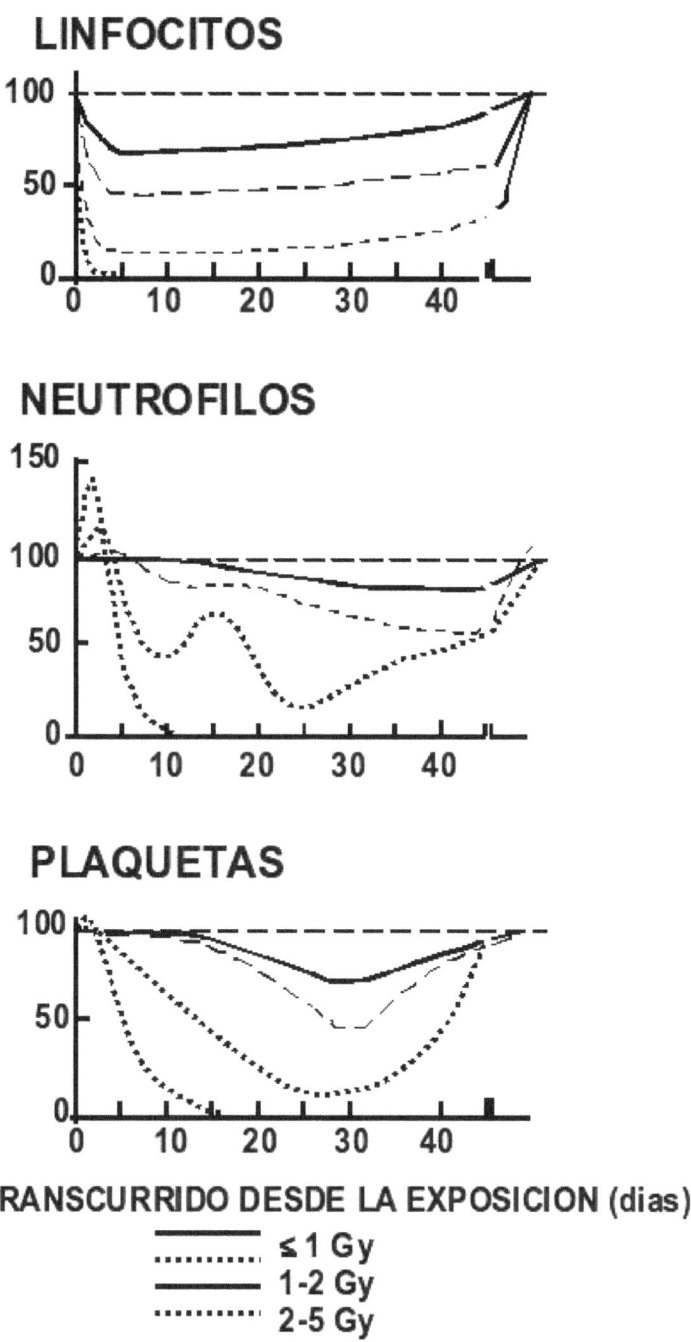

Figura 1: Variación en el tiempo de las distintas subpoblaciones celulares en plasma en función de la dosis.

FORMA GASTROINTESTINAL DEL SAR

Con dosis superiores a 10 Gy, se produce la muerte de las stem cells de las criptas intestinales, con denudación progresiva de la mucosa, alteración de la absorción de agua y nutrientes, y aumento de la pérdida de sales y fluidos. Puede haber hemorragias e infecciones, lo que agrava la lesión y contribuye a aumentar el riesgo de muerte. Es posible observar úlceras gástricas y colónicas. La enteritis severa ocurre alrededor de 4 días después de dosis de 10 Gy. El cuadro clínico es de dolor abdominal tipo cólico, fiebre y diarrea sanguinolenta muy intensa.

FORMA NEUROVASCULAR DEL SAR

Se presenta con dosis superiores a los 20 Gy en todo el cuerpo. El síndrome del sistema nervioso central se caracteriza por los signos y síntomas de la fase prodromal agravados, seguidos de un período de depresión transitoria o aumento de la actividad motora, hasta una total incapacidad, coma y muerte. Con estas dosis, se producen en el sistema nervioso central cambios patológicos, como un aumento de la permeabilidad vascular, edema y hemorragias. Dosis en el rango de los 50 Gy conducen a la muerte en el término de 48-72 horas.

SÍNDROME DE FALLA MULTIORGÁNICA

El término síndrome de falla multiorgánica (FMO) ha sido sustituido por síndrome de disfunción multiorgánica (SDMO). El SDMO es una complicación con gran morbilidad y mortalidad, que en las últimas décadas comenzó a cobrar fuerza como entidad bien definida. Se trata de una disfunción progresiva, y en ocasiones secuencial, de múltiples órganos y sistemas. La presencia de un cuadro de infección sistémica (sepsis) se consideraba, hasta hace un tiempo, como el factor causal. Pese a numerosas investigaciones, su fisiopatología aún se desconoce, pero es posible asumir que el SDMO es la etapa final en una continuidad de eventos asociados con respuestas inflamatorias descontroladas y la pérdida de homeostasis vascular. Actualmente, se admite que el SDMO puede ser causado por eventos primarios múltiples, incluido el SAR.

El análisis de los accidentes radiológicos acontecidos en los últimos años ha demostrado que los pacientes que recibieron dosis muy altas desarrollaron disturbios sucesivos en su sistema hematopoyético, gastrointestinal y neurovascular complicados por la respuesta inflamatoria de otros órganos y sistemas (piel, pulmón, riñón) que condujeron a la muerte por SDMO.

CONCEPTO DE DOSIS LETAL

Se define como dosis letal 50/ 60 (DL50/ 60) a la dosis de radiación recibida en forma aguda, capaz de inducir la muerte en el 50% de las personas irradiadas al cabo de 60 días, en ausencia de tratamiento.

Se pueden mejorar las posibilidades de supervivencia de individuos expuestos a dosis cercanas a DL50/ 60 o mayores que está estimulando a las stem cells y progenitores viables de la médula ósea mediante factores de crecimiento, o utilizando médula o concentrados de células madre de la médula ósea procedentes de un donante compatible. Esto debe acompañarse del cuidado médico apropiado (sustitución de fluidos, antibióticos, fungicidas, aislamiento estéril).

---

10 - EFECTOS BIOLÓGICOS DE LAS RADIACIONES IONIZANTES. DOSIMETRÍA BIOLÓGICA

ACCESO A VIDEO CLASE - Lic. Marina Di Giorgio
Lic. Marina Di Giorgio

DOSIMETRÍA BIOLÓGICA (DB)

Su objetivo es estimar la dosis absorbida en personas presunta o comprobadamente sobreexpuestas a radiaciones ionizantes (RI), ya sean provenientes de fuentes naturales o producidas por el hombre, a partir de muestras biológicas (sangre venosa).

CARACTERÍSTICAS DE UN BUEN BIODOSÍMETRO

• Persistencia del efecto.
• Reproducibilidad de las observaciones.
• Relación conocida dosis-efecto (curva de calibración).
• Especificidad a la radiación.
• Baja variación interindividual.
• Sensibilidad a diferentes calidades de radiación.
• Fácil recolección de la muestra.
• Temprana disponibilidad de los resultados.
• Permitir la evaluación de exposiciones inhomogéneas.
• Ser susceptible de automatización.
• Bajo límite de detección (<0,5 Gy).

Estas características sustentan la diferencia entre los dosímetros biológicos y los indicadores biológicos de sobreexposición.

Las técnicas citogenéticas requieren el desarrollo de cultivos celulares de 48 o 72 horas, dependiendo del biodosímetro aplicado. Tomando en cuenta esta desventaja, se han desarrollado otros indicadores biológicos de sobreexposición, hoy denominados "biomarcadores", para dar cuenta de los efectos inducidos por la radiación durante las primeras 24-48 horas posexposición, y para proveer información adicional respecto de la severidad del daño radioinducido en sistemas fisiológicos específicos (por ejemplo, médula ósea) que son aplicados para el seguimiento de los pacientes sobreexpuestos a radiaciones.

En la Argentina, el Laboratorio de Dosimetría Biológica, perteneciente a la Autoridad Regulatoria Nuclear, es el único laboratorio del país que presta ese servicio de dosimetría. Fue establecido en 1968 y se encuentra acreditado como laboratorio de ensayo (LE 147) bajo la Norma SO/ IEC 17025:2005 desde febrero de 2010. Está integrado a la red RA NET, perteneciente al sistema de respuesta y asistencia en situaciones de emergencias del Organismo Internacional de Energía Atómica (OIEA), es un laboratorio de referencia para la Red Global de Dosimetría Biológica de la Organización Mundial de la Salud (BioDoseNet-OMS), y es coordinador líder de la Red Latinoamericana de Dosimetría Biológica (LBDNet), brindando asistencia para la estimación dosimétrica de personas involucradas en incidentes y accidentes radiológicos y/o nucleares ocurridos en la región.

El objetivo del laboratorio es el desarrollo y la aplicación de dosímetros biológicos que permitan evaluar la dosis absorbida, en distintas situaciones de sobreexposición: individuales o que involucren a un gran número de personas, cuando la dosimetría es inmediata o retrospectiva, para diferentes calidades de radiación y para distinta distribución de la dosis en el cuerpo, por lo que constituye un soporte necesario de los programas de Protección Radiológica nacionales y de los Sistemas de Respuesta en Emergencias Radiológicas o Nucleares en el caso de sobre exposiciones accidentales o incidentales, individuales o a gran escala.

Esta dosimetría es aplicada para la estimación de la dosis absorbida: en personas expuestas a la radiación, en ausencia de dosímetro individual (dosimetría personal); en casos de demanda legal por daño radioinducido no sustentado por evidencia dosimétrica inequívoca; para la validación de casos en radioprotección ocupacional en los que se sospecha exposición a bajas dosis, y para guiar las decisiones en los tratamientos médicos en accidentes radiológicos y en aplicaciones clínicas.

ABERRACIONES CROMOSÓMICAS. CLASIFICACIÓN

El blanco primario de las radiaciones ionizantes es la macromolécula de ADN (ácido desoxirribonucleico), contenido en el núcleo celular. El paso de una traza ionizante, a través del núcleo, induce rupturas cromosómicas cuya anómala reunión, mediante las enzimas de reparación celular, da origen a las llamadas "aberraciones cromosómicas" y sus derivados citoplasmáticos, los micronúcleos. De acuerdo con su estabilidad a través de sucesivos ciclos de división celular, las aberraciones cromosómicas pueden clasificarse de la siguiente manera:

• Inestables: su número declina con el tiempo después de una sobreexposición (dicéntricos y micronúcleos).

• Estables: persisten en el tiempo después de una sobreexposición
(translocaciones e inversiones).

Las aberraciones cuantificadas (frecuencia de aberraciones) en los linfocitos se interpretan en términos de dosis absorbida respecto de una curva de calibración dosis-respuesta.

TÉCNICA CITOGENÉTICA CONVENCIONAL

A l presente, la cuantificación de aberraciones cromosómicas inestables (dicéntricos y anillos) es el método más ampliamente utilizado en dosimetría biológica para la evaluación dosimétrica inmediata de situaciones de presunta o confirmada sobreexposición aguda a todo el cuerpo o gran parte de este, por irradiación externa y/o contaminación interna con radionucleidos de distribución uniforme en el organismo.

La inducción de dicéntricos es radiación específica, por lo cual la presencia de dicéntricos permite determinar la exposición a las radiaciones ionizantes (accidentales, ocupacionales y médicas).

En general, se analizan 500 metafases o 100 dicéntricos (el valor que se alcance primero). La frecuencia espontánea de dicéntricos es muy baja, de $1,0 \times 10^{-3}$ por célula, y presenta una baja variación interindividual.

A los fines de la calibración, se han desarrollado curvas dosis-respuesta in vitro para las calidades de radiación más relevantes, y se han obtenido relaciones dosis-respuesta lineal cuadrática ($y = c + D + D^2$) y lineal ($y = c + D$) para radiación de baja y alta transferencia lineal de energía (LET por su sigla en inglés), respectivamente. A partir de las curvas de calibración, se pueden realizar estimaciones dosimétricas expresadas con un intervalo de confianza del 95%; estas estimaciones representan dosis absorbida uniforme, a todo el cuerpo, pero puede ser modificada para estimar la dosis en las exposiciones prolongadas o inhomogéneas.

El método posee una alta sensibilidad (0,1 Gy para radiación de bajo LET) y una bien conocida dosis dependencia hasta alrededor de 5 Gy.

ATRIBUCIÓN DE LOS EFECTOS BIOLÓGICOS DE LAS RADIACIONES IONIZANTES (RI) COMO CONSECUENCIA DE PROCEDIMIENTOS INTERVENCIONISTAS (PACIENTES Y PERSONAL OCUPACIONALMENTE EXPUESTO)

En el caso de los procedimientos intervencionistas guiados por rayos X, la determinación biológica de la dosis (mediante la DB) constituye una herramienta (dentro de un conjunto de elementos que deben ser analizados) para la evaluación de la atribución de los efectos biológicos de las RI en pacientes sometidos a procedimientos intervencionistas y en el personal médico y de sala que realiza esos procedimientos.

La atribución se refiere al conocimiento requerido para asignar un efecto sobre la salud (cáncer o reacciones tisulares) a una situación de exposición a la radiación en el pasado, conectando los efectos de la radiación a una exposición precedente y, por lo tanto, asignando este efecto a esa situación. Es un concepto retrospectivo basado en el concepto de comprobabilidad, que implica demostrabilidad, contrafactualidad y, finalmente, dar testimonio de que realmente se ha incurrido en esos efectos en situaciones de exposiciones pasadas.

La atribución de efectos de la radiación sobre la salud debe ser siempre retrospectiva; en cambio, el riesgo de la radiación se puede inferir de forma prospectiva.

Los efectos deterministas (reacciones tisulares como el desarrollo de lesiones localizadas y opacidades del cristalino) en la salud individual son atribuibles a las situaciones de exposición que implican altas dosis (> 0,5 Gy).

Los efectos estocásticos de cánceres inducidos por la radiación son colectivamente (no individualmente) atribuibles, y solo en el caso de que las dosis de radiación sean lo suficientemente altas como para permitir el discernimiento epidemiológico (> 100 mSv). Estos efectos no son atribuibles a las situaciones de exposición a bajas dosis, típicas del promedio mundial de radiación de fondo (2,4 mSv/ a).

El Laboratorio de Dosimetría Biológica ha realizado estudios de dosimetría biológica y evaluación de exceso de riesgo de cáncer futuro en casos de profesionales involucrados en incidentes debidos a exposiciones en procedimientos intervencionistas guiados por rayos X, a fin de contribuir a las evaluaciones de los efectos sobre la salud de esas personas.

ISO 19238:2014: Radiological Protection – Performance Criteria for Service Laboratories Performing Biological Dosimetry by Cytogenetics.
IA EA , PA HO, W HO: Cytogenetic Dosimetry: Applications in Preparedness for and Response to Radiation Emergencies (septiembre de 2011).
International Atomic Energy Agency: Biological Dosimetry: Chromosomal Aberration Analysis for Dose Assessment, Technical Reports Series No 260, IA EA , Viena (1986).
International Atomic Energy Agency, Cytogenetic Analysis for Radiation Dose Assessment, Technical Reports Series No 405, IAEA, Viena (2001).

11 - PARTE DE LO QUE SIEMPRE QUISO SABER SOBRE EQUIPOS DE ANGIOGRAFÍA

ACCESO A VIDEO CLASE - Ing. Jorge Euillades

Ing. Jorge Euillades

COLIMACIÓN DEL HAZ

La radiación secundaria que afecta la calidad de imagen y radia al operador y al paciente depende del volumen anatómico radiado y de los KV empleados. Si se colima el haz a solo lo diagnósticamente necesario, se disminuye de manera automática el volumen anatómico atravesado y, con ello, baja la dosis directa sobre el paciente y la dosis secundaria sobre este y el operador.

POSICIÓN DE TRABAJO

En promedio, cada 4 cm de tejido homogéneo se absorbe la mitad de la radiación incidente. Por esa razón, el tejido más cercano al tubo de Rx emite más radiación secundaria en dirección a la posición de este. No hay que situarse detrás del tubo de Rx porque allí se recibirá más radiación secundaria desde el paciente.

CALIDAD DE LA IMAGEN

La calidad de la imagen es proporcional a la raíz cuadrada de la dosis recibida por el detector. Por lo tanto, para mejor calidad, se necesitará más dosis en el detector. Siempre hay que buscar la imagen diagnóstica de menor dosis, no la de mejor calidad visual, ya que esta implica una mayor dosis innecesaria.

RADIOSCOPÍA

Hay que intentar usar siempre radioscopía pulsada de la menor cantidad posible de cuadros por segundo, y el menor tiempo total posible. La dosis es directamente proporcional a los cuadros/seg. Mitad de cuadros por segundo implica mitad de dosis.

POSICIÓN DEL PACIENTE

Hay que alejar siempre lo más posible al paciente del tubo de Rx, para disminuir la dosis en piel con el cuadrado de la distancia al tubo. Acercar al paciente al tubo de Rx un 20% implica subir la dosis un 60%.

MEDICIONES DE DOSIS EN LOS EQUIPOS

Los equipos calculan la dosis en el punto de referencia intervencionista (IRP por su sigla en inglés), que se sitúa siempre 15 cm por debajo del isocentro (punto alrededor del cual gira el equipo) porque asume que allí (en el IRP) estará la entrada en piel de la radiación en el paciente. Sin embargo, la camilla puede acercarse al tubo (o alejarse), y en ese caso la medición no reflejará la realidad. Por esa razón, para asegurar igual o menor dosis que la leída, se debe trabajar, o bien en el isocentro, o bien más lejos del tubo de Rx.

EL CONTROL AUTOMÁTICO DE DOSIS

Los equipos mantienen la dosis constante automáticamente en el detector (no en el paciente); por eso, cuando se hace una proyección oblicua que implica aumentar el espesor anatómico atravesado, o el paciente es obeso, la dosis se aumenta automáticamente. Para que el detector reciba igual dosis (necesaria para lograr imagen apta), pasar de un espesor anatómico de 16 cm a uno de 21 cm implica que la radiación del tubo de Rx se incrementará al doble. En especial, nunca hay que interponer partes anatómicas que no se desean ver (la mano entre el paciente y el tubo; o no dejar los brazos del paciente por sobre su cabeza). Si se hace esto, el equipo automáticamente interpretará un aumento de espesor anatómico y aumentará la dosis.

ENDURECIMIENTO DEL HAZ DE RX (BEAM HARDENING)

El tubo de Rx emite radiaciones de baja, media y alta energía. Nos son útiles solo las que atraviesan al paciente y llegan al detector, porque ellas forman imagen útil. Las demás generan dosis y no forman imagen. Por eso, es necesario filtrar (eliminar) las de baja energía. Eso lo hacen los filtros (de aluminio o cobre) con los que cuentan los equipos, ubicados inmediatamente de la salida del haz de Rx. Aunque esto suelen hacerlo automáticamente los equipos, es necesario notar que se filtra más en casos de individuos delgados y menos en obesos, por lo cual estos últimos reciben siempre más dosis en piel y son propensos a quemaduras.

LAS GRILLAS

La radiación secundaria es proporcional al volumen anatómico que se va a atravesar y a los Kv empleados para hacerlo. Esta radiación indeseada afecta la calidad de la imagen, ya que es como si el paciente "brillara" con Rx, velando en parte la imagen. Para mejorar la imagen, se utiliza una grilla. La grilla oficia como una "persiana" (de laminitas de plomo, "delgas") que evita, solo en parte, que la radiación secundaria incida sobre la imagen. Lamentablemente, también afecta en menor medida al haz útil que produce la imagen, obligando a aumentar la radiación incidente. Pacientes con menor espesor anatómico –que además son fácilmente atravesados con menos KV–, como los niños o personas muy delgadas, producen menos radiación secundaria y hacen innecesario el uso de grillas. En niños pequeños, debe quitarse la grilla del equipo, con lo que se consigue menor dosis e igual calidad de imagen.

LAS MAMPARAS DE PROTECCIÓN

Una mampara de radioprotección disminuye 40 veces la dosis que se recibe. Si se calculan 5 estudios por día, de 1 hora de duración cada uno, trabajando 240 días al año, se trabajará en total 1200 horas por año. Si se usa mampara sin otra protección, se recibirían 1200 h/ a x 0,8 mS/ h = 0,97 mS/ año, o sea, menos de 1mSv/ año. Pero, si no se usa mampara, se recibirían 40 mSv/ año, cuando el límite de exposición es de solo la mitad: 20 mSv/ año.

LOS DOSÍMETROS

Se deben usar al menos dos dosímetros, uno por encima del delantal, a la altura de la protección tiroidea, y otro debajo del delantal plomado. Esto es así porque, de esa manera, se puede calcular la dosis efectiva que se recibió (dosis efectiva = 0,5 x dosis pecho + 0,0025 dosis cuello). Los dosímetros son de uso estrictamente personal, deben guardarse fuera de la sala y utilizarse durante toda la jornada. No hay que olvidar que se debe revisar y mantener actualizada la observación de la radiación recibida.

DELANTAL Y ANTEOJOS

Sometidas a igual radiación, una persona sin delantal recibe el 100% de la radiación, mientras que la que lo usa recibe solo el 10%. Las protecciones de cristalino permiten evitar el 60% de la radiación.

12 - MAGNITUDES RADIOLÓGICAS

ACCESO A VIDEO CLASE - Ing. Gustavo Sánchez

Ing. Gustavo Sánchez

Medir es conocer el valor de una magnitud en grado suficiente como para tomar una decisión respecto de un problema particular. Es posible, entonces, clasificar las magnitudes radiológicas respecto de su utilidad.

MAGNITUDES BÁSICAS

La magnitud fundamental, a partir de la cual se define el resto, es la dosis absorbida (energía por unidad de masa, cuya unidad es Gray: Gy). Los límites de dosis están expresados en dos magnitudes básicas: la dosis equivalente en un órgano (HT) y la dosis efectiva (E) 1 , ambas expresadas en milisievert (mSv). Es razonable pensar que estas deben ser las magnitudes a medir; pero hay inconvenientes: la dosis efectiva (E) depende de la manera en que la dosis se distribuye en todo el cuerpo y es, por lo tanto, muy difícil de medir, por no decir imposible. Por este motivo, existen otras magnitudes que sí pueden medirse, las llamadas "magnitudes operacionales", de las cuales las más importantes son la dosis equivalente ambiental y la dosis equivalente individual.

MAGNITUDES PARA MONITOREO AMBIENTAL

Debido a las características particulares del intervencionismo, la dosis por unidad de tiempo en los diferentes puntos de la sala depende de muchas variables: la técnica utilizada, la posición de cada integrante del equipo, las incidencias, la posición de las protecciones, etc. Para optimizar el trabajo, de modo de no exponer innecesariamente a los trabajadores, se mide en puntos representativos la tasa de dosis equivalente ambiental (unidad: mSv/ h) 2 mediante monitores portátiles.

MAGNITUDES PARA MONITOREO INDIVIDUAL

La dosis equivalente individual (HP(d)) es la que mide todo sistema de monitoreo personal (film monitores, TLD, OSL, DIS, etc.). Es importante destacar que no se trata de la dosis que "recibe el dosímetro", sino la que se recibe en tejido a una profundidad D, debajo del dosímetro. Como se dijo anteriormente, la dosis efectiva no se puede medir, pero se puede estimar mediante la dosimetría personal. Lamentablemente, no se puede estimar adecuadamente la dosis promediada en todo el cuerpo, como es la dosis efectiva, a partir de la dosis equivalente individual medida con un solo dosímetro. Se recomienda usar dos dosímetros para estimar la dosis efectiva: uno, debajo de la protección plomada, y otro, por sobre esta, a la altura del cuello. De esta manera, se puede hacer una buena estimación de la dosis efectiva, y el dosímetro externo nos brinda además una aproximación de la dosis equivalente en cristalino (si se usan gafas plomadas, la dosis equivalente en cristalino será en realidad mucho menor de lo que mide ese dosímetro); habría que utilizar un tercer dosímetro de diseño adecuado en la mano.

MAGNITUDES PARA ESTIMAR LA DOSIS AL PACIENTE

El objetivo es poder identificar a aquellos pacientes que, por el motivo que fuere, resulten expuestos de tal manera que no pueda descartarse la aparición, temprana o tardía, de lesiones radioinducidas. Estos pacientes deben ser objeto de un seguimiento que permita, si surgen los síntomas, que reciban un tratamiento adecuado. La magnitud relevante es en este caso la dosis absorbida en un punto, más precisamente en uno o más puntos en la piel. Se podría pensar en utilizar uno o más dosímetros, de la misma manera que los trabajadores, pero los puntos que pueden recibir dosis alta –y, por lo tanto, donde deberían colocarse los dosímetros– no pueden determinarse de antemano. Por este motivo, la dosis que recibe el paciente se puede estimar a partir de ciertas magnitudes que sí se pueden medir. Las más relevantes son las siguientes:

• Dosis (o kerma) 3 en punto de referencia de Intervencionismo: es la dosis que entrega el equipo en un punto determinado (punto de referencia de Intervencionismo, situado a 15 cm del isocentro hacia el lado del tubo). No es la dosis que recibe el paciente, que depende de factores como la altura de la camilla, el espesor del paciente o la orientación del tubo, entre otros. Esto significa que es útil pero no suficiente para estimar la dosis que recibe la piel del paciente.

• Producto dosis-área (o kerma-área): la dosis (en Gy) disminuye proporcionalmente con el cuadrado de la distancia, mientras que el área de campo (en cm 2) delimitada por los colimadores se incrementa proporcionalmente al cuadrado de la distancia. Por lo tanto, el producto de ambos es independiente de la distancia y es un buen indicador de la dosis que entrega el equipo: PDA (Gy x cm 2).

Los equipos modernos miden y registran estas magnitudes, así como las de otros parámetros que afectan directamente la dosis que recibe el paciente: kV, mA, tiempo de irradiación, incidencia del campo, filtración del haz, cantidad de pulsos por segundo, etc.

Finalmente, para estimar la dosis que recibe el paciente con la exactitud y precisión adecuadas, se deben dar dos condiciones: en primer lugar, que los instrumentos de medición se calibren correctamente –y esa calibración se mantenga en el tiempo–, y en segundo lugar, que los resultados sean correctamente procesados e interpretados (en general, por un físico médico).

---

1 Límite de dosis efectiva para exposición ocupacional: 20 mSv/año; límite de dosis equivalente en piel y extremidades: 500 mSv/año, y límite de dosis equivalente en cristalino: 20 mSv/ año.

2 Aún se sigue utilizando una magnitud antigua, el miliroentgen por hora (mR/ h; 1 mR/ h = 0,01 mSv/ h).

3 KERMA: Kinetic Energy Released to Matter: se mide en Gy, como la dosis absorbida. En algunos casos, aún se utiliza una magnitud antigua ("exposición"), cuya unidad es el Roentgen (R), 1 Gy = 100 R.

Los resultados de la dosimetría personal son indicadores que permiten estimar la dosis efectiva y la dosis equivalente recibidas. Para que un indicador sea útil, debe estar bien diseñado, ser bien medido y ser bien interpretado.

La dosimetría personal sirve tanto para el autocontrol –es decir, para conocer la dosis que recibimos a fin de detectar problemas antes de que sea tarde– como para cumplir con requerimientos legales.

Se utilizan diferentes tipos de dosímetros pasivos, es decir, que no necesitan alimentación eléctrica:

• Film monitor: lectura diferida en laboratorio especializado. Una vez procesado, el film puede, en condiciones controladas, almacenarse por cierto tiempo como registro de la medición. Para realizar una nueva medición, hay que reemplazar el film.

• TLD (dosímetros termoluminiscentes): lectura diferida en laboratorio especializado. Por su pequeño tamaño, son especialmente aptos para dosimetría de extremidades y cristalino. Una vez leído el dosímetro, puede reutilizarse una cantidad limitada de veces.

• OSL (dosímetros por luminiscencia ópticamente estimulados): es una técnica más moderna, con características similares al TLD. Pueden reutilizarse más veces que el TLD.

• DIS (dosímetros por almacenamiento directo de carga): su principal características es que la medición la puede hacer el propio operador, en cualquier momento, conectando el dispositivo a un puerto USB de una computadora con conexión a Internet. Por esta razón, este sistema suele denominarse "dosimetría digital instantánea".

Todos estos sistemas están reconocidos por la autoridad nacional de aplicación (Ministerio de Salud) como aptos para monitoreo individual y al menos una vez

por año deben realizarse ejercicios de intercomparación a fin de validar su autorización.

También existen dosímetros activos (como los dosímetros electrónicos de lectura inmediata), que son un buen complemento de los anteriores. Sin embargo, no los reemplazan, porque pueden resetearse, ya sea por acción directa del operador o cuando falta alimentación eléctrica (por ejemplo, por agotamiento de la batería). Su utilidad reside en que el operador puede leerlo en cualquier momento y suelen tener una alarma (que ajusta el mismo operador) por dosis acumulada o tasa de dosis. En resumen, sirven para el autocontrol, pero no para cumplir con los requerimientos legales.

Se recomienda usar dos dosímetros para estimar la dosis efectiva: uno debajo de la protección plomada, y otro por encima de esta, a la altura del cuello. De este modo, se puede hacer una buena estimación de la dosis efectiva 1 y el dosímetro externo nos brinda además una aproximación a la dosis equivalente en cristalino (si se usan gafas plomadas, la dosis equivalente en cristalino será, en realidad, mucho menor de la que mide ese dosímetro); habría que utilizar un tercer dosímetro de diseño adecuado en la mano e, idealmente, otro para monitoreo de dosis en cristalino. Es muy importante tener en cuenta que no deben combinarse para una misma medición dosímetros de diferente tecnología (por ejemplo, no es correcto calcular la dosis efectiva a partir de la medición de un dosímetro tipo film por debajo del delantal plomado y un TLD por encima de este).

No se recomienda utilizar un único dosímetro. Si se usa por debajo del delantal plomado, la lectura subestima la dosis efectiva, lo que evidentemente es incorrecto. Pero si se utiliza por fuera, se sobreestima de tal manera la dosis efectiva, que podría derivar en una superación artificial y ficticia de los límites de dosis.

Es fundamental considerar que la utilidad de la dosimetría personal depende fuertemente del uso correcto y consciente de los dosímetros.

---

1 Cálculo de la dosis efectiva ϵ = 0,5 EW + 0,025 EN, donde EW es la dosis que indica el dosímetro colocado debajo del delantal plomado, y EN es la dosis que mide el dosímetro del lado de afuera, a la altura del cuello.

---

14 - GARANTÍA Y CONTROL DE CALIDAD

Ing. Gustavo Sánchez

Un Programa de Garantía de Calidad (PQA , por su sigla en inglés) es definido por la Organización Mundial de la Salud (OMS) como un esfuerzo organizado por el personal que opera una instalación para asegurar que las imágenes diagnósticas producidas son de una calidad suficientemente alta para suministrar de modo consistente información diagnóstica adecuada al costo más bajo posible y con la menor exposición posible del paciente a la radiación. En Intervencionismo, debemos agregar también "la capacidad de detectar eventos centinela". 1

El Programa de Garantía de Calidad especifica qué hacer, cómo hacerlo (técnicas y procedimientos), con qué (equipos adecuados, QC control de calidad), quién (responsabilidades y perfil de los profesionales), control, registro y evaluación. Este programa requiere el compromiso de la dirección, el involucramiento de todo el personal, y la participación de especialistas en Garantía de Calidad y Protección Radiológica.

Muchos de estos aspectos están considerados en la Resolución 433/ 2001, del Ministerio de Salud: Normas de organización y funcionamiento de las áreas de Hemodinamia Diagnóstica y Terapéutica Endovascular por Cateterismo y Cirugía Endovascular. 2

El control de calidad es, entonces, una parte de un más amplio programa de garantía de calidad. Incluye lo siguiente:

• Las pruebas de aceptación de los equipos: luego de su instalación, se debe confirmar que estos trabajan realmente en el nivel descripto en las especificaciones técnicas que se acordaron entre el fabricante y el comprador. Solo a partir de la aceptación comienzan a correr los plazos de garantía de los equipos.

• La puesta en servicio: es el proceso de adquirir todos los datos del equipamiento requeridos para hacerlo clínicamente utilizable en un departamento específico. Este test proporcionará los valores iniciales (valores de referencia) para los procedimientos de control de calidad periódico. Incluye el relevamiento y la organización de todos los datos necesarios para la operación, entre ellos la calibración de los equipos de medición.

• Los controles periódicos: se realizan para detectar desviaciones respecto de los valores de referencia, mal funcionamiento de sistemas o parámetros fuera de tolerancia. La periodicidad de realización de estos controles será mayor cuanto más susceptible de variación sea el parámetro y cuanto más grave sea la consecuencia de la desviación o el mal funcionamiento.

En estos controles se incluye tanto a los equipos, generadores y sistemas de imágenes como a los propios instrumentos de control o monitoreo: medición y verificación de los indicadores de corriente de tubo (mA), tiempo de exposición, potencial aplicado (Kv), filtrado, funcionamiento de sistemas de optimización de dosis, duración, frecuencia y altura de pulsos en modo pulsado, mediciones de dosis en todos los modos de operación (fluoro alta y baja, cine, etc.), funcionamiento y calibración de medidores de dosis (producto dosis-área, dosis en aire, etc.), y sistemas de seguridad y alarma.

La complejidad y multiplicidad de variables lleva a que el Programa de Garantía de Calidad deba confeccionarse a la medida de cada servicio, a fin de alcanzar los objetivos con un uso eficiente de los recursos.

---

1 Evento centinela es aquel proceso clínico cuyo desenlace no es el planeado y con frecuencia deriva en una complicación grave.

Proyecto de revisión redactado por el CACI (Colegio Argentino de Cardioangiólogos Intervencionistas) en colaboración con numerosas instituciones, sociedades científicas y profesionales, universidades, representantes de la industria y reguladores, entre otros.

---

15 - 1. IMPORTANCIA DE LA PERCEPCIÓN DEL RIESGO EN MEDICINA

ACCESO A VIDEO CLASE - Prof. Rodolfo Touzet

Prof. Rodolfo Touzet

Los riesgos radiológicos en medicina son realmente muy importantes, pero la "percepción del riesgo" es baja en comparación con la percepción que se tiene de riesgos semejantes en las instalaciones nucleares o de los riesgos derivados del consumo de alimentos contaminados con material radioactivo.

Las dosis colectivas más importantes se deben a las aplicaciones médicas. Las muertes por accidentes ocurridas en radioterapia son más que las ocurridas en la industria nuclear, incluyendo Chernóbil. Solamente en Francia, en unos pocos años, hubo más de 1000 pacientes con sobredosis de radiación.

Al hacerse una tomografía, un paciente puede recibir una dosis equivalente al límite de dosis establecido para los trabajadores de la industria nuclear, y en intervencionismo, aún mucho más.

No obstante todas estas situaciones, la "percepción del riesgo" en el público es de poca significación y las ONG no dedican esfuerzos ni campañas para proteger a la gente en el campo médico como sí lo hacen en la industria nuclear.

Los riesgos radiológicos en las aplicaciones médicas se consideran siempre un tema menor. Y cuando no hay "percepción del riesgo", se relajan las medidas de control.

Si comparamos el control en las instalaciones nucleares (Autoridad Regulatoria Nuclear) con el control que se realiza en los hospitales (Ministerio de Salud Pública), observamos lo siguiente:

• En una instalación nuclear, existe una "organización de protección radiológica". En una instalación médica, no hay un grupo responsable de radioprotección para evaluar los riesgos y optimizar las prácticas, ni existen especialistas en protección radiológica.

• En una instalación nuclear, se aplican las "restricciones de dosis". En una instalación nuclear se hace la "optimización de las dosis" y, de acuerdo con el principio ALARA , hay objetivos de dosis para cada grupo de trabajo. En la mayoría de las instalaciones médicas, no se establecen restricciones de dosis y tampoco se optimizan las prácticas a pesar de que en muchos casos las dosis son muy altas y superiores a las de una central nuclear. No se pueden optimizar ni establecer restricciones de dosis porque no hay quien lo haga, no hay ningún especialista en radioprotección, ni tampoco instrumentos para medir la radiación.

• El único requisito establecido en las normas para proteger a un trabajador de un hospital es que lleve puesto un dosímetro, lo cual es un requisito realmente irrisorio. La dosimetría personal también es diferente en las instalaciones nucleares y existe la teledosimetría a distancia, que se controla en forma estricta y permanente.

• En una instalación médica, se presentan campos inhomogéneos y dificultosos para evaluar las dosis efectivas, debido a los guardapolvos plomados, lo que merecería una dosimetría más sofisticada, pero esta no existe. En una instalación nuclear, se identifican los recintos con radiación de acuerdo con su importancia y se utilizan carteles y colores según el riesgo.

• En una central nuclear, para el "caso de alto riesgo de radiación", por ejemplo, si en el recinto donde se va a trabajar hay una dosis superior a 5 mSv/ h, se realiza una reunión ALARA antes al trabajo, una planificación dosimétrica y la reunión previa del Comité Interno Asesor de Seguridad (CIAS). En un hospital, hay tasas de dosis mucho mayores que 5 mGy/h y no hay medidas equivalentes. Por otra parte, se observa a personal sin dosímetro y sin el equipo de protección adecuado.

Las consecuencias de la aplicación de diferentes "criterios de control" a los mismos riesgos es bastante obvia, y es que los resultados son también diferentes y aparecen efectos distintos.

En las aplicaciones médicas, se ven efectos determinísticos y estocásticos, que en las aplicaciones nucleares no se observan.

Tampoco se producen los avances en protección radiológica por la "evaluación de los accidentes y fallas", debido a que en las instalaciones médicas no existe una cultura de la seguridad.

Las consecuencias en el paciente son evidentes, por las lesiones que aparecen en algunos de ellos. También se observan las consecuencias en el médico, como es el caso de la catarata inducida por radiación.

Estos casos y estas situaciones no se dan en las centrales nucleares. Como la "percepción del riesgo" es muy diferente, entonces, las medidas que se toman también son muy diferentes.

La falta de un especialista no permite cumplir con lo que dicen las normas. ¿Cuál debe ser la respuesta? ¿Qué se controla en esta situación? ¿Cómo se logra que las dosis sean tan bajas como sea alcanzable?.

Si aplicamos las normas, los riesgos disminuyen, los beneficios se mantienen y controlamos la situación. Los requisitos son bastante sencillos:

• Justificar siempre cada una de las prácticas.
• Lograr que las dosis sean tan bajas como sea razonablemente alcanzable, sin afectar, obviamente, la calidad del diagnóstico que se va a realizar.
• Prevenir exposiciones potenciales (Sistema de Calidad).
• Proteger a todos los presentes en el estudio.
• No hay límites de dosis al paciente, pero sí se deben aplicar los niveles de referencia.

El Programa de Protección Radiológica del Paciente se aplica, fundamentalmente, para la "toma de conciencia" y para actualizar la normativa. La percepción del riesgo no es la misma en todas las personas y, por ende, la actitud frente a la prevención puede ser diferente:

• Puede haber diferente percepción sobre las causas y sobre la probabilidad de ocurrencia de un evento.

• Puede haber diferente percepción sobre las consecuencias de un evento en nuestra salud.

• Puede haber diferente percepción sobre la influencia de nuestro proceder en la seguridad.

• Puede haber diferente percepción sobre la eficacia de los procedimientos de control, etc.

Una inadecuada percepción de los riesgos puede ocasionar accidentes y, por lo tanto, no es conveniente ahorrar esfuerzos en la tarea de comunicar. Es tan importante controlar un riesgo como comunicar ese riesgo.

2. RECOMENDACIONES Y CRITERIOS GENERALES PARA LA OPERACIÓN DE LOS EQUIPOS

Prof. Rodolfo Touzet

EQUIPOS FLEXIBLES

Los equipos de radiología intervencionista o de arco en C son sumamente flexibles y adaptables a una gran variedad de procedimientos y situaciones operativas, pero, para permitir esa flexibilidad, no son inherentemente seguros, por lo que se requiere el conocimiento de los riesgos y las medidas que se deben tomar para lograr la mejor relación costo-beneficio y que las dosis en el paciente y los operadores sean tan bajas como sea razonablemente alcanzable. Para el éxito de la tarea se necesita de una buena comunicación y del trabajo conjunto de los profesionales médicos, los técnicos y los especialistas de la empresa proveedora del equipo, así como el asesoramiento de un dosimetrista o especialista en protección radiológica.

VELOCIDAD

Uno de los factores más determinantes en las dosis, tanto del paciente como de los operadores, es la rapidez del profesional médico en realizar la intervención, lo cual depende de su habilidad y experiencia.

COLIMACIÓN

Colimar el campo para reducirlo a la zona de interés minimiza las dosis integrales del paciente y del operador, y disminuye la probabilidad de que el médico actuante o sus asistentes interpongan sus manos en el haz, aunque a veces esta situación es inevitable.

FILTROS

Que el tubo cuente con los filtros más adecuados para cada energía permite mejorar automáticamente la imagen y disminuir las dosis en el paciente y el operador. Las energías muy bajas aumentan la dosis en piel sin contribuir a formar la imagen; las energías muy altas son muy penetrantes y no discriminan las diferencias de densidades (poco contraste). Los filtros permiten que el

espectro de energías utilizado sea el óptimo para obtener la mejor imagen con la menor dosis (de esto debe ocuparse el físico médico o el ingeniero a cargo del equipo). El uso de materiales de fibra de carbono en la camilla también absorbe las energías bajas y permite reducir las dosis en la piel del paciente.

DISTANCIAS

La distancia entre el tubo y el intensificador es constante, pero se puede variar la posición relativa del paciente en el medio de ambos. Cuanto mayor es la distancia tubo-paciente, menor es la dosis en piel, por lo que se debe intentar siempre mantener al paciente tan cerca como sea posible del intensificador de imágenes.

PROYECCIONES

Las proyecciones oblicuas aumentan significativamente las dosis debido al mayor espesor que se debe atravesar. Es muy importante tener especial cuidado de no estar irradiando zonas innecesariamente (por ejemplo, los brazos del paciente), lo que incrementa aún más las dosis y puede generar problemas posteriores, sobre todo en el lugar de incidencia del haz. También es recomendable variar la angulación del arco, aunque sea unos pocos grados, para evitar irradiar siempre la misma región de la piel.

AJUSTES

El operador del equipo debe conocer el impacto que tienen los ajustes de imagen, como el brillo y el contraste, en la dosis que reciben el paciente y los operadores. En algunos casos, los ajustes actúan sobre la ganancia del amplificador de video o sobre la óptica de enfoque con un diafragma óptico, y en otros casos, el ajuste implica cambiar el voltaje del tubo o la intensidad de corriente. Esto significa que en algunos casos los ajustes no afectan las dosis y en otros casos sí.

MAGNIFICACIÓN

Cuando se magnifica el tamaño en el intensificador (zoom), un área más pequeña va a convertir rayos X a luz, por lo que la intensidad de luz a la salida del intensificador va a ser necesariamente mucho menor. Esto trae aparejado que se deba aumentar proporcionalmente las dosis para poder mantener el nivel de video constante y, también, el tamaño del diafragma de la cámara. Si, en cambio, la magnificación se realiza en el posproceso, solo de manera óptica, la dosis no cambia, pero la calidad de imagen obviamente disminuye a medida que se va aumentando la magnificación óptica.

BRILLO

En algunos equipos, el control automático de ganancia puede mantener el brillo constante hasta un cierto espesor, pero por arriba de este modifica la salida del tubo de Rx. En este caso, también hay una zona donde no se modifica la dosis y otra en que sí se modifica. Todos estos detalles de los ajustes de brillo, contraste y magnificación, y su respectiva implicancia en las dosis involucradas para la piel del paciente, deben ser comprendidos e interpretados correctamente por los operadores. En este campo, es vital la colaboración y el asesoramiento de los ingenieros responsables de la provisión y mantenimiento de los equipos, o del físico médico o el radioprotecccionista, en el caso de que los hubiera.

CALIDAD DE IMAGEN

El objetivo es saber cómo obtener la mejor imagen dinámica con la mínima dosis, pero esto debe ser probado o ensayado previamente sin el paciente y con un fantomas. El médico intervencionista debe poder evaluar en todo momento el riesgo-beneficio para alcanzar condiciones óptimas de trabajo, lo cual no significa siempre obtener la mejor calidad de imagen. Para el médico intervencionista, la calidad de imagen es ver bien lo que quiere ver y, habitualmente, cuando se dificulta la visión o disminuye la resolución, la primera reacción es aumentar la corriente. Esto es lo más fácil, pero no siempre lo más conveniente para el paciente. Lo más aconsejable es evaluar y ajustar la calidad de la imagen con objetos que simulen las condiciones de trabajo (fantomas): el médico intervencionista, junto con el ingeniero de la máquina o el físico médico en el caso en que lo hubiera, deben fijar las mejores condiciones de trabajo.

RUIDO

Se debe tener en cuenta también que una imagen con mucho ruido dificulta la observación o vuelve el procedimiento más complejo, pues requiere mayor tiempo de escopía, lo que redunda en mayores dosis. Es importante recordar además que cuanto más pequeños son los elementos que se van a introducir en los vasos, mejor debe ser la calidad de la imagen. Y que una mejor calidad de imagen también permite reducir la concentración de contraste.

MODOS

Los equipos suelen disponer de tres modos de escopía: baja, media y alta dosis. En general, el modo habitual es el de baja dosis, salvo cuando se requiera ver objetos muy pequeños o de bajo contraste. Es obvio destacar que trabajar en modo de media o alta dosis representa un aumento de dosis muy considerable que se debe evitar a toda costa, en la medida de lo posible.

CINE

El cine proporciona una imagen de mucha mejor calidad que la escopía, lo que se consigue solo con tasas de dosis mucho mayores. En modo de adquisición de imágenes (cine), la dosis aumenta en la medida que aumenta el número de imágenes por segundo. El número de imágenes requerida depende, a su vez, de la velocidad de circulación del torrente sanguíneo en los vasos que se deben observar: en zonas alejadas, como las extremidades inferiores, la velocidad de circulación es baja, por lo que una secuencia de 1 o 2 imágenes por segundo es suficiente. En cambio, para los pulmones, se requieren 6 imágenes por segundo, y para las coronarias los fenómenos que se deben observar son aún más rápidos, por lo que la velocidad debe ser mucho mayor, pudiendo llegar a 40 o 60 imágenes por segundo. La dosis recibida por el paciente (y los operadores) es proporcional al número de imágenes totales. Para cada caso el equipo determina la amplitud (A) y altura del pulso (V) de cada imagen.

PROGRAMAS

Los equipos cuentan con programas predeterminados para cada tipo de intervención; están fijados el voltaje, la intensidad de corriente y el número de imágenes por segundo. Conviene que la optimización de estos programas sea realizada por un equipo de trabajo que incluya a un médico senior, al especialista del equipo y a un dosimetrista, a fin de lograr las mejores alternativas que permitan una imagen aceptable con un mínimo de dosis.

PREPARACIÓN

El operador debe tener siempre muy claro qué pasa con la imagen y con las dosis cuando se cambian los ajustes. Pero esto no puede ser determinado durante un procedimiento, porque en ese momento la mente del médico debe centrarse en el objetivo clínico sin estar interferida por las necesidades de protección y seguridad del paciente y la suya propia. Por esta razón, la preparación y el entrenamiento previo son fundamentales.

INFORMACIÓN EN PANTALLA

Ningún equipo puede calcular directamente la dosis real ni aun en el caso de que se disponga de una cámara a la salida del haz, pues el equipo no sabe hacia dónde está dirigido ese haz en todo momento ni tampoco a qué distancia se encuentra el paciente. Naturalmente, tener en la pantalla los valores de dosis integradas (producto kerma-área) es de mucha utilidad. De todas formas, como el proceso es dinámico y las dosis van cambiando constantemente de acuerdo con las proyecciones, se debe hace siempre una corrección de los valores medidos. La cámara debe ser calibrada in situ con un fantomas instrumentado en condiciones reales de trabajo para poder usar los valores. El conocimiento de las tasas de dosis de entrada en piel para cada geometría y el uso de un timer pueden suplir, de alguna forma, la información de dosis que no se presenta en pantalla.

SEGUIMIENTO

Otro valor importante es el producto del área irradiada por la dosis esperada, que es un factor valioso de decisión para evaluar los riesgos estocásticos y para el seguimiento del paciente. En algunos protocolos europeos, se recomienda el valor de 200 Gy x cm 2 como nivel de disparo para el seguimiento posterior de los pacientes. Como criterio general, se debe determinar siempre este nivel cuando se pasa la hora de escopía continua.

EVALUACIONES PREVIAS

Todas las evaluaciones que se han mencionado se deben hacer antes del inicio de la práctica, considerando todos los escenarios posibles, para evitar tener que hacer los cálculos. Se debe pensar en los escenarios antes de que uno sea parte del propio escenario.

FANTOMAS

El entrenamiento en blanco con fantomas, aunque sea en forma parcial, es un elemento insustituible para una buena planificación del procedimiento, y la experiencia juega un papel fundamental para la optimización. El entrenamiento consiste siempre en saber cómo evitar las dosis innecesarias.

PEDAL

La mejor alternativa es apagar siempre el tubo cuando no se necesita, no pisar el pedal innecesariamente y retener congelada la última imagen en el monitor.

MANOS

La interposición de las manos en el haz de Rx debe evitarse pero, cuando es imprescindible hacerlo, se le debe pedir al técnico que registre los tiempos de exposición, a fin de llevar un registro que permita hacer luego las evaluaciones.

RESUMEN
El desarrollo de los procesos de intervención exige la toma de decisiones rápidas y acertadas, sin disponer de demasiado tiempo para la reflexión, por lo que la planificación y el entrenamiento previo, suponiendo todos los escenarios posibles, son un elemento clave para el éxito. La experiencia y el entrenamiento del médico intervencionista son el elemento de mayor valor para la protección radiológica del paciente. Si, además, está asesorado por especialistas para el ajuste del equipo y por radioproteccionistas para la evaluación de las dosis, la situación es ideal.

3. RECOMENDACIONES PARA LA PROTECCIÓN DEL PACIENTE

Prof. Rodolfo Touzet

EQUIPOS
Todas las recomendaciones generales indicadas para el control de los equipos están orientadas a "disminuir las dosis del paciente" y, en un menor grado, las del médico.

CÁMARA DE IONIZACIÓN INCORPORADA

Un elemento de valor para la protección del paciente es que el equipo cuente con una cámara interpuesta en el haz, que permita estimar las dosis (producto kerma-área) en la pantalla. En algunos equipos modernos, la cámara es un opcional que se recomienda enfáticamente adquirir. De todas formas, cuando hay varios cambios de proyecciones y algunas de ellas superpuestas, no es sencillo determinar cuál es la dosis máxima administrada en algún punto de la piel.

DOSIMETRÍA PERSONAL DEL PACIENTE

Si no se cuenta con una cámara de ionización incorporada, se debe determinar la dosis por cálculo o utilizando un dosímetro en los casos de intervenciones prolongadas o repetitivas que impliquen dosis en piel cercanas a los umbrales de efectos determinísticos (de 2 a 4 Gy). Los dosímetros más apropiados son las placas radiográficas de alta dosis que se usan en radioterapia y que pueden colocarse en la camilla, debajo del paciente. Se recomienda el uso de estas placas en los casos de intervenciones con pacientes obesos, cuando se esperan complicaciones o en intervenciones repetidas.

SEGUIMIENTO DEL PACIENTE

En cualquier caso, cuando se sospeche que se han superado los valores umbrales para efectos determinísticos, debe hacerse un seguimiento del paciente. Si se trata de un paciente ambulatorio, bastará con darle instrucciones para que algún familiar le observe diariamente el torso y se comunique con el servicio en el caso de notarse un enrojecimiento de la piel. El protocolo europeo recomienda hacer el seguimiento, siempre que el producto dosis-superficie supere los 200 Gy X cm 2 .
Esto implica medir en cada caso la dosis y el área de colimación.

NIVEL DE INVESTIGACIÓN

Si no se cuenta con la dosimetría del paciente, es conveniente establecer algún valor aproximado para hacer el seguimiento, que nos permita asegurar que las eventuales lesiones no pasarán nunca desapercibidas para el médico.

El valor para la aparición de lesiones en piel es de 5 Gy. Si establecemos un factor de seguridad de 10, podemos confiar en que los errores de estimación de dosis y la eventual mayor sensibilidad de nuestro paciente estarán cubiertos. De acuerdo con esta idea, podemos hacer un seguimiento cada vez que la dosis en piel supere los 0,5 Gy.

Por ejemplo, si las mediciones determinan que para protocolos de tórax los valores medidos son de 12 mGy/ min en piel para escopía y además se comprueba que 10 imágenes equivalen a 1 minuto de escopía. Esto daría el nivel de investigación (NI) para 40 minutos de escopía o para 400 imágenes, y para combinar ambos se puede usar el siguiente algoritmo:

$$\text{Minutos de escopía + Imágenes/ 10 > 40 (NI)}$$

Para expresarlo en palabras, si la suma de los minutos de escopía más el número de imágenes dividido 10 supera 40, conviene hacer un seguimiento e investigar si el paciente no tiene enrojecimiento o ardor en la piel.

Este nivel de investigación es establecido sobre la base del ejemplo dado, que corresponde a un equipo moderno y en buenas condiciones, pero debe ser determinado para cada equipo de acuerdo con los valores de dosis que sean medidos en cada caso particular. Sería muy útil que el equipo disponga de alguna alarma o indicación que avise al médico cuando los tiempos de escopía sumados al número de imágenes tomadas en una determinada región del cuerpo se acercan a valores cercanos a los efectos determinísticos (por ejemplo 2 Gy en piel), a fin de que se puedan tomar algunas medidas preventivas, como variar la zona de ingreso del haz. Pero esto no parece posible actualmente y se debería lograr que esa información esté disponible de alguna forma con los datos existentes.

PACIENTES JÓVENES

En el caso de pacientes jóvenes, y siempre que el protocolo lo permita, es conveniente tener cuidado en proteger las gónadas y la tiroides, evitando la irradiación prolongada de esas zonas o utilizando alguna protección plomada (3 mm de Pb es suficiente para la radiación dispersa).

4. USO DE DISPOSITIVOS DE PROTECCIÓN PARA EL PERSONAL

Prof. Rodolfo Touzet

DELANTALES PLOMADOS

Los delantales deben ser usados por todo el personal, incluso el que está más alejado o el que ingresa por poco tiempo. Las dosis son muy importantes y no está justificado desprotegerse en ningún caso. Los guardapolvos deberán cubrir la parte delantera y la parte trasera, desde los hombros hasta las rodillas, y tendrán un factor de atenuación promedio para radiación dispersa, en las condiciones operativas habituales, mejor que 25 (o sea que debe dejar pasar menos del 4% de la radiación dispersa presente en el lugar donde se ubica en el quirófano).

Se recomienda usar los delantales más finos, de un espesor equivalente de 0,25 mm Pb, porque para la radiación dispersa a la que está expuesto el médico, que es en promedio de 15 a 25 kev, el factor de atenuación es del 99%. Producen mucha confusión algunos cursos donde se muestra la diferente atenuación de los delantales para potencias de 80 o 100 kV, interpuestos en el haz directo, o sea, energías máximas de 80 o 100 kev, cuando la radiación dispersa a la que está expuesto un médico no tiene esas energías. Por lo tanto, esos datos son totalmente irrelevantes para cualquier cálculo de protección del médico. Por otra parte, los delantales más gruesos, de 0,5 mm Pb, son el doble de pesados y deben llevarse durante varias horas. Teniendo en cuenta que un 20% del cuerpo está siempre descubierto, no tiene sentido aumentar la atenuación para la parte protegida en un 0,5% porque el resultado final para el conjunto de los órganos varía muy poco y la dificultad de movimiento hace que los tiempos sean mayores y, por ende, también aumentan las dosis. Es más eficaz usar en todo momento las pantallas móviles y cortinas blindadas para las partes expuestas.

Es importante que los delantales se guarden estirados, sin doblarlos, para evitar que se arruinen o se produzcan rajaduras.

BLINDAJE CON CORTINA INFERIOR

Un opcional importante es una cortina corrediza plomada, ubicada en la parte inferior de la camilla, para blindar las piernas del tubo de Rx y de la radiación dispersa que se produce hacia abajo. Dada la exposición a la que están sometidas las extremidades inferiores, se trata de una protección importante que no causa mayores interferencias en el trabajo.

BIOMBOS COLGANTES MÓVILES

Es importante contar siempre con un biombo plomado transparente que cubra el intensificador cuando no es necesario trabajar debajo de este, porque protege en particular a la persona más expuesta, bajando las dosis en general por factor 5, dado que los brazos no se pueden proteger.

PROTECTOR TIROIDEO

Es necesario saber que la diferencia entre usar y no usar un protector tiroideo implica duplicar las dosis debido al factor de ponderación de la tiroides y el cuello.

ANTEOJOS DE PROTECCIÓN

El riesgo más importante para el médico es la opacidad del cristalino y las cataratas, cuyo umbral es de 100 y 150 mSv en el año. Considerando que las exposiciones habituales son del orden del mSv/ h, no es necesario destacar la importancia de que un médico que está expuesto a varios cientos de horas de escopía por año no puede, de ninguna forma, dejar de usarlos en todo momento. Es conveniente que los anteojos tengan una protección lateral pues la radiación dispersa puede venir de cualquier lado (incluso de atrás o del techo).

GUANTES QUIRÚRGICOS PLOMADOS

Ofrecen un bajo factor de protección, no mejor del 50%, y lentifican el trabajo del médico pues se pierde sensibilidad, además de ser caros, por lo que no parece apropiado recomendarlos. Lo que sí es importante es evitar interferir el haz con los dedos, aunque sea por algunos segundos, pues la dosis se multiplica por factor 100 en forma instantánea.

5. RECOMENDACIONES PARA LA DOSIMETRÍA PERSONAL

Prof. Rodolfo Touzet

CÁLCULO DE DOSIS EFECTIVA

Para el control del cumplimiento de los límites de dosis por parte del personal, es menester convertir las dosis absorbidas (D), informadas por el servicio de dosimetría personal, en dosis efectivas (E). A l usar un guardapolvo plomado, algunos órganos están expuestos a la radiación y otros están protegidos. Si el dosímetro se usa encima del guardapolvo, se obtiene información de los órganos expuestos, y si se usa debajo, se obtiene información de los órganos protegidos. Para determinar la dosis, hay que tener la información de la exposición de todo el cuerpo o, en su defecto, se debe hacer una extrapolación considerando la atenuación del guardapolvo plomado, que actúa de blindaje para la radiación.

CANTIDAD DE DOSÍMETROS

Por razones prácticas, conviene usar doble dosímetro y tener un dato más preciso en los casos del personal más expuesto (médicos), y usar un solo dosímetro cuando las dosis esperadas son inferiores al 30% de los límites establecidos (técnicos).

Es útil, además, el uso de dosímetros locales para manos, cabeza o piernas, a fin de conocer la distribución de dosis y determinar si se pueden superar los límites para extremidades o piel; pero esto debe hacerse en forma transitoria dado que su uso permanente y rutinario determina una carga de trabajo que suele ser rechazada por la mayor parte de los servicios de salud.

CRITERIO

El criterio que se ha de utilizar depende de la cercanía de los valores de dosis recibidos con los límites establecidos. Si las dosis son muy inferiores a los límites, por ejemplo del 20%, no vale la pena hacer demasiado esfuerzo en mejorar la exactitud. Si, en cambio, los valores son cercanos a los límites, se deben extremar las medidas para mejorar el control, aumentando la información y, por ende, el número de dosímetros utilizados.

MÉDICOS

En el caso de los médicos intervencionistas, estos deberán usar al menos dos dosímetros: uno debajo del delantal plomado (lejos de los bordes) y otro encima, del lado izquierdo del pecho.

TÉCNICOS Y AYUDANTES

Los técnicos, en general, de acuerdo con su ubicación en el quirófano, reciben una dosis estimada, que es aproximadamente un décimo de la recibida por el médico; podrán usar un solo dosímetro por encima del guardapolvo plomado del lado derecho. Si el dosímetro se usa debajo del delantal, los valores esperados, que son muy bajos, suelen estar por debajo del límite de detección de un servicio de dosimetría, por lo que no se pueden utilizar.

Para estimar la dosis efectiva, "si no se realiza un estudio específico", se usará un algoritmo que tiene en cuenta el factor de atenuación del guardapolvo plomado.

ALGORITMOS

Para el caso del doble dosímetro, y siempre que el factor de atenuación del guardapolvo sea mejor que 30, se usará el siguiente algoritmo:

$$D \text{ ext} \times 0,025 + D \text{ int} \times 0,5 = E$$

O sea que la dosis efectiva se obtiene sumando la dosis externa medida multiplicada por 0,025 más la dosis interna medida multiplicada por 0,5. Para el caso del dosímetro único que usen el técnico, el ayudante o el anestesista por encima del guardapolvo, del lado derecho, y siempre que el factor de atenuación del guardapolvo sea mayor que 30, se usará el factor de corrección empírico 0,043:

$$D \text{ ext} \times 0,043 = E$$

O sea que la dosis efectiva se obtiene multiplicando por 0,043 la dosis externa medida.

ATENUACIÓN

El factor de atenuación del guardapolvo deberá ser medido en las condiciones de operación habituales utilizando el mayor valor de tensión del tubo que se emplee. Se debe recordar que la atenuación es función del espectro de energía de la radiación dispersa, el cual cambia según la posición, la distancia, las

proyecciones y los parámetros operativos que se utilicen. La atenuación mínima será la determinada para la radiación directa del haz, pero no es esperable que esta condición se presente en la práctica habitual.

EJEMPLO DE APLICACIÓN

En el caso de un servicio típico, se puede usar un valor de tensión de 75 Kv si este es superado solo en muy contadas ocasiones (cuando el paciente es muy obeso). Los factores de atenuación del guardapolvo habitualmente medidos con esa tensión varían entre 20 y 90 de acuerdo con las posiciones de distancia y altura, por lo que se puede tomar como dato conservador un valor promedio de 30. Pero esto es solo un ejemplo y corresponde que sea medido en cada caso con los delantales utilizados.

RECOMENDACIÓN

Si las dosis efectivas anuales recibidas por una persona superan los 15 mSv, dada la incertidumbre existente en algunos factores, se recomienda realizar un estudio dosimétrico más detallado utilizando todos los dosímetros que sean necesarios. Sobre las dosis recibidas por el médico, que es el más expuesto, se deberán aplicar los factores de seguridad necesarios para poder afirmar que, sea cual fuere la condición operativa, "las dosis serán en cualquier caso inferiores a los límites establecidos y tan bajas como sea razonablemente posible".

6. CÓMO PLANEAR UNA INTERVENCIÓN CONSIDERANDO PRINCIPIOS DE PROTECCIÓN RADIOLÓGICA

Prof. Rodolfo Touzet

INTRODUCCIÓN

El desarrollo del diagnóstico por imágenes incluye la incorporación de su uso como guía para distintos procedimientos intervencionistas en una gran multiplicidad de especialidades médicas, muchas de las cuales no están familiarizadas con las bases físicas de las radiaciones y los principios de radioprotección.

El uso de las radiaciones ionizantes sin aplicar los principios de radioprotección puede ocasionar daños de distinta gravedad, tanto en el paciente como en el operador.

Debido a esta situación, se están tomando diversas medidas para lograr la optimización de las dosis de radiación involucradas en las diferentes intervenciones, con el objeto de disminuir la probabilidad de aparición de los efectos adversos de las radiaciones.

En el caso de los niños, el riesgo puede ser mayor debido a su mayor sensibilidad y porque, proporcionalmente, se irradia un volumen más grande del cuerpo. Las dosis recomendadas en los niños son más bajas, por su menor peso y grosor, y porque el acceso vascular es de menor complejidad.

De todas formas, se debe enfatizar que el uso de técnicas intervencionistas con procedimientos que son guiados por imágenes de radioscopía ha disminuido de manera notable la morbimortalidad, en comparación con el uso de los viejos procedimientos quirúrgicos equivalentes. Por lo tanto, los beneficios, en todos los casos, superan a los inconvenientes que pueda generar el uso de las radiaciones.

DEFINICIONES Y CONCEPTOS

Antes de establecer los criterios de radioprotección, es conveniente recordar algunos conceptos, así como las unidades de dosis de radiación para diferentes condiciones de trabajo.

Los efectos provocados por las radiaciones en los tejidos biológicos se dividen en dos tipos: efectos determinísticos y efectos estocásticos.

Los efectos determinísticos son aquellos que se presentan a partir de una dosis mínima (dosis umbral); para una exposición de cuerpo entero, el umbral es de aproximadamente 500 mSv y en un corto período de latencia. La severidad o gravedad del efecto aumenta a partir de la dosis umbral. Existe una relación clara entre el agente causante y el efecto.

Los efectos estocásticos son aquellos cuya probabilidad de ocurrencia no es proporcional a la dosis recibida. En este caso, no existe una dosis umbral o valor mínimo de dosis. Entre los efectos biológicos estocásticos de la radiación, se pueden mencionar el cáncer y los efectos hereditarios. Sin embargo, ante la aparición del cáncer, no es posible afirmar con certeza que haya sido ocasionado por la radiación, sino que se puede estimar la probabilidad de que haya sido producido por la radiación a cierta dosis.

Estos son los valores más importantes para evaluar los riesgos:

• La dosis pico en piel (Gy), para evaluar efectos determinísticos.
• El producto dosis por área (Gy x cm 2), para evaluar efectos estocásticos.

Hay especialistas en dosimetría que se dedican a realizar estas mediciones. Estos son los factores propios del paciente que aumentan la aparición de efectos:

• El peso del paciente.
• La complejidad del procedimiento.
• La tortuosidad del sistema vascular (que aumenta con la edad).
• Las dosis recibidas recientemente (otras intervenciones, radioterapia, tomografías computadas).
• La sensibilidad individual.
• Algunas enfermedades (diabetes mellitus).

Algunos procedimientos se asocian con mayor riesgo debido a su complejidad:

• Embolización (incluyendo la quimioembolización).
• Angioplastia renal.
• Intervención biliar compleja.
• Nefrostomía por cálculos renales.

Debe quedar claro que un procedimiento nunca se interrumpe por dosis involucradas. El principio que apoya esta conducta es que está completamente demostrado que el beneficio del procedimiento es superior al riesgo potencial.

7. EL MÉDICO INTERVENCIONISTA Y LAS MEDIDAS QUE DEBE TOMAR EN "LAS CUATRO ETAPAS"

Prof. Rodolfo Touzet

PRIMERA ETAPA : LO QUE DEBE SABER EL MÉDICO INTERVENCIONISTA ANTES DE ENTRAR AL QUIRÓFANO

- Cuál es la tasa de dosis que puede recibir el paciente en radioscopía y en cine.
- Cómo varían las dosis con las proyecciones oblicuas en diferentes posiciones.
- Cómo varía la dosis en función del espesor del paciente, en particular en los obesos.
- Cómo se comparan las dosis con algunos Niveles de Referencia aplicables.
- Cuáles son los valores umbral para los efectos determinísticos en la piel del paciente.
- Qué hacer cuando se prolonga la intervención por dificultades o complicaciones.

SEGUNDA ETAPA : LO QUE DEBE VERIFICAR EL MÉDICO ANTES DE INICIAR UNA SECUENCIA DE CINE

- Que todo el personal en el quirófano tenga puestas las protecciones.
- Que el intensificador de imágenes esté lo más cerca posible del paciente.
- Que el campo esté bien centrado y el isocéntrico esté en el punto de máximo interés.
- Que el tubo de Rx esté lo más alejado posible del paciente.
- Que la colimación del tubo se ajuste bien al campo de interés.
- Que en el campo no haya densidades muy diferentes que no estén compensadas (y que el filtro de cuña está disponible para usarse).
- Que esté colocado el filtro adecuado para el voltaje de trabajo (si no es automático).
- Que los brazos del paciente no se interpongan en el haz primario del tubo.
- Si se trata de un paciente joven, que se hayan protegido las partes sensibles que no sean de interés.
- Que no haya personas innecesariamente cerca del arco en C.
- Que se disponga de todos los elementos, dispositivos y accesorios necesarios para la intervención.

TERCERA ETAPA : CRITERIOS QUE DEBE APLICAR EL MÉDICO DURANTE UNA SECUENCIA DE CINE

- Iniciar la adquisición de imágenes solo cuando el campo ya está bien centrado y definido.
- Soltar el pedal cuando no se mira la pantalla o cuando se puede trabajar con la imagen congelada.
- No usar cine cuando con escopía se logra una calidad de imagen aceptable para cumplir con los objetivos.
- Usar radioscopía pulsada cuando esté disponible.
- Usar solo la magnificación apropiada al objeto de interés, y no una mayor.
- Evitar, en lo posible, secuencias de cine muy prolongadas, congelando la imagen.
- Soltar el pedal cuando el contraste ha alcanzado el máximo valor y se empieza a lavar.
- Saber siempre qué dosis está recibiendo el paciente.

CUARTA ETAPA : LOS DATOS QUE DEBE REGISTRAR UN ASISTENTE A L FINALIZAR UNA INTERVENCIÓN

En los equipos modernos:
- El kerma integrado, que incluye la fluoroscopía y el cine en mGy.
- El producto dosis-área en Gy x cm 2 , que está muy relacionado con la dosis efectiva.

En el caso de equipos que no disponen de una cámara a la salida del tubo para medir k:

- Tiempo y modo de radioscopía que se ha utilizado (por ejemplo, 25 minutos de radioscopía de media).
- Cantidad de imágenes y altura e intensidad de los pulsos (por ejemplo, 240 imágenes de 80 kv y 30 mA).
- Peso aproximado o espesor del paciente.
- Índice de complejidad del protocolo utilizado.
- Cuántas proyecciones o posiciones del arco en C se utilizaron.
- Cualquier otra información relacionada con la dosis que registre el equipo (por ejemplo, mAseg).

8. MEDIDAS QUE DEBE TOMAR LA DIRECCIÓN DEL HOSPITAL O CENTRO DE SALUD
Prof. Rodolfo Touzet

MEDIDAS QUE DEBEN TOMARSE

- Verificar que el equipo esté bien mantenido y calibrado, mediante pruebas periódicas de control de calidad y protección radiológica a cargo del personal competente.
- Contar con los elementos de radioprotección para todo el personal (delantales, gafas Pb, pantallas fijas y protectores tiroideos).
- Disponer de cortinas corredizas en la mesa y de varias pantallas móviles transparentes.
- Contar con una persona entrenada, al menos a tiempo parcial, para que desarrolle tareas de protección radiológica.
- Comparar las dosis que recibe el paciente para cada protocolo con los Niveles de Referencia.
- Proveer elementos de protección (Bi) para los pacientes jóvenes (gónadas, tiroides y mamas).
- Controlar la recertificación periódica de los médicos y su capacitación en radioprotección.
- Proveer un monitor de radiación y/o sistema de monitoreo electrónico para medir las dosis.
- Implementar un sistema de calidad adecuado a las necesidades del servicio.
- Disponer de protocolos para seguimiento de pacientes que hayan superado los valores de alarma establecidos (se recomienda usar un valor para seguimiento de 200 Gy x cm 2).

FACTORES QUE MINIMIZAN LAS DOSIS RECIBIDAS POR EL PACIENTE Y EL MÉDICO

- Mantener los equipos debidamente calibrados y controlados, realizando las pruebas de sus parámetros esenciales en forma periódica y a cargo de personal calificado.
- Planificar adecuadamente el procedimiento, lo que permite ahorrar imágenes y tiempo de radioscopía.
- El monitoreo de la radiación durante el procedimiento debe ser realizado por un técnico especializado o adiestrado en protección radiológica y dosimetría, que pueda informarle al médico interviniente sobre los niveles de aviso o alarma de los parámetros monitoreados.
- Usar la radioscopía de menor dosis que permita una imagen adecuada; en radioscopía pulsada, usar el menor número de pulsos por segundo que permitan una imagen adecuada.
- Usar el menor tiempo de radioscopía y adquirir el menor número de imágenes.
- Emplear una adecuada colimación del campo.

• Utilizar la menor distancia paciente/ intensificador de imágenes o flat panel y la mayor distancia tubo/ paciente.
• Usar la menor magnificación posible, y solo lo necesario.
• Variar los ángulos de proyección del arco en C cuando sea posible.
• Proteger las partes sin interés, en especial en los niños, con protectores de bismuto.

9. USO DE NIVELES DE REFERENCIA PARAMETRIZADOS

Prof. Rodolfo Touzet

INTRODUCCIÓN

Los Niveles de Referencia (NR) –o Reference Levels (RL) en inglés– son el resultado de promediar los datos de dosis obtenidos para un protocolo determinado, en un conjunto de servicios de un país o una región, y constituyen la mejor herramienta para la optimización de las prácticas. En consecuencia, en
las Normas Internacionales de Seguridad Radiológica (BSS por su sigla en inglés), se requiere su uso, y están incluidos en la normativa europea, la americana y la de varios países.

Además, estos niveles son muy efectivos para la capacitación del personal on the job y le permiten al médico saber rápidamente dónde está parado en relación con sus pares. Se pueden usar en cualquier técnica radiológica, como tomografía, mamografía, Hemodinamia, Intervencionismo, etcétera.

El objetivo es siempre la mejora continua de los procesos, para proteger tanto al paciente como al personal, intentando que las dosis sean tan bajas como sea razonablemente alcanzable.

En el caso particular del Intervencionismo, existen variables y parámetros operativos que pueden modificar fuertemente las dosis del paciente y generar una gran dispersión de datos span, lo que dificulta su aplicación práctica.

Podemos citar como ejemplo el caso de la atenuación producida por el espesor del paciente y el número de lesiones que se deben tratar. La diferencia de dosis que puede haber entre una angioplastia en que se trata una sola lesión en un paciente delgado y la misma angioplastia pero con tres lesiones vasculares en un paciente muy obeso puede ser de factor 5 sin contar todo el resto de las variables en juego.

Esto determina que los niveles de referencia que se utilizan sin considerar estos parámetros operativos tengan habitualmente una gran dispersión. Si tomamos, por ejemplo, los valores que presenta Fred Mettler en 2008, vemos que para una angioplastia con colocación de stent, los valores de dosis efectiva calculados están entre 6 y 57 mSv, con un promedio de 15, lo que es un rango muy amplio, y hay un factor 10 entre la dosis más baja y la dosis más alta. Algo parecido ocurre con las angiografías coronarias, donde vemos que los valores de dosis efectivas están entre 2 y 16 mSv, con un promedio de 7. Esto es muy esperable dado el conjunto de las variables en juego. Si la dispersión de datos es muy grande, resulta dificultoso para el responsable del servicio decidir si sus datos están dentro de la media estadística o no lo están, y en la medida en que se pueda disminuir la cantidad de variables en juego, la tarea de comparación es más sencilla y el uso de los NR es más práctico y efectivo.

Por estas razones se ha decidido, entonces, definir algunas variables (la atenuación y el número de lesiones) y denominar Niveles de Referencia Parametrizados (NRP) a los valores promedio obtenidos con estos parámetros definidos.

Aunque se utilizan en los dos procedimientos básicos (AC y ACTP), se pueden usar para cualquier procedimiento, incluyendo los más complejos, como la embolización hepática y renal.

OBJETIVOS DEL USO DE LOS NRP

El principal objetivo es mejorar el sistema de calidad que se aplica en una instalación y la primer meta que se desea alcanzar con esta herramienta de trabajo es mejorar la "cultura del personal de la instalación" para establecer el axioma básico de "medir, registrar, analizar", porque esta es la clave de la mejora continua de una práctica y también la del progreso.

Los estándares de calidad, como la ISO-9000 o la GS-R3 del IAEA, se fundamentan en el análisis de los procesos. Si no medimos, no sabemos; si no registramos, no podemos comparar situaciones ni comparar nuestra práctica con la práctica de un colega. El análisis de los datos registrados es la herramienta para la evaluación de los procesos y su mejora continua.

Es importante que todo el personal del servicio participe de algún modo en la evaluación de los procesos y contribuya a su mejora.

Para esto se deben identificar todas las variables que afectan la calidad del proceso y las que afectan la magnitud de las dosis recibidas por el paciente y el personal.

La meta es siempre la mejora continua de los procesos, para proteger tanto al paciente como al personal, intentando que "las dosis sean tan bajas como sea razonablemente alcanzable".

LLENADO DE PLANILLAS

Para participar en la colección de datos para los NRP, se requiere llenar una planilla de Excel, que contiene información que brindan los equipos, en diez columnas (de A a J), respetando el orden de las columnas y las unidades utilizadas.

A	B	C	D	E	F	G	H	I	J
PROTOCOLO	KERMA	DAP	TIEMPO-FI	SERIES	FRAMES	PESO	ALTURA	LESIONES	OBSERVACIONES
	MGY	GY X CM 2	MIN	N°	N°	KG	M	N°	

RECOMENDACIONES PARA EL LLENADO DE PLANILLAS

• Si hay más de un equipo, conviene usar planillas separadas, una para cada equipo.
• Respetar el orden de las diez columnas, de A a J , y las unidades o submúltiplos.

• Usar las abreviaturas que se consensuaron: CCG, ATC, CCG + ATC, AP, ATP, etcétera.
• En las periféricas, se puede agregar la zona anatómica entre paréntesis (AO, CER, TOR, etc.).
• Se pueden enviar todos los datos de un equipo juntos, pero si se separan por tipos de estudio, resulta más cómodo para procesar. Por ejemplo, por un lado, las coronarias, y, por otro, las periféricas, lo que es de gran ayuda.
• A final se agrupan todos los datos en una base de datos común, para calcular los promedios, por lo que no conviene cambiar los nombres, las unidades ni el orden de las columnas.

DATOS COMPLEMENTARIOS

Además de estas diez columnas básicas, se pueden agregar, a voluntad, todas las columnas que se necesiten (K, L, M, N, etc.) para otros datos operativos importantes, como los siguientes:

• Modo de fluoro (bajo, medio, normal, alto, pulsado).
• Modo de cine o SD (imágenes por segundo).
• El campo utilizado o magnificación (indicar si son pulgadas o centímetros).
• La proyección más utilizada (P/A , oblicua, horizontal, craneocaudal).
• Filtros posicionados (de A I, Cu o de cuña).
• Valor de kerma/min si lo registra el equipo.
• Valor medio del Kv.
• Detector utilizado: intensificador imágenes (II), flat panel (FP), biplano (BP), Rotatorio(3D) (Rot).
• Posición de los colimadores.
• Si se hace grabación de fluoro (GF) y no de cine.
• Marca de las prótesis, los filtros o tipo de stents usados.
• Resolución espacial (pares de líneas).
• Distancia foco-detector o foco-mesa.
• Grilla retirada (en pediatría).
• Acceso femoral o radial, etc.

Estos datos complementarios son muy importantes para hacer la validación de los datos, verificar su coherencia, detectar errores y hacer otras evaluaciones.

10. TABLAS Y ALGORITMOS DE USO PRÁCTICO

Prof. Rodolfo Touzet

DOSIS EFECTIVA PARA DIVERSAS INTERVENCIONES
Fuente: Fred Mettler et al., Journal of Radiology (2008).

ESTUDIO	DOSIS EFECTIVA PROMEDIO (mSv)	VALORES EXTREMOS EN LA BIBLIOGRAFÍA (mSv)
Angiografía de cuello y/o cabeza	5	0,8 - 19,6
Angiografía coronaria	7	2,0 - 15,8

PTCA y/o colocación de stent	15	6,9 - 57
Angio toráxica de arteria pulmonar o aorta	5	4,1 - 9
Angio abdominal o aortografía	12	4,0 - 48
Embolización de la vena pélvica	60	44 -78

UMBRALES DE DOSIS EN PIEL PARA EFECTOS DETERMINÍSTICOS

EFECTO DETERMINÍSTICO	DOSIS UMBRAL (Gy)	TIEMPO DE INICIO EFECTO	MIN ESCOPÍA (20 mGy/min)	MIN CINE (200 mGy/min)
Eritema transiente temporal	2	2 - 24 h	100 min	10 min
Eritema, reacción permanente	6	= 1,5 semanas	5 h	30 min
Depilación temporaria	3	= 3 semanas	3 h	15 min
Depilación permanente	7	= 3 semanas	3 y media h	30 min
Descamación seca (y telangiectasias)	14	= 4 semanas	12 h	1,2 h
Descamación húmeda	18	= 4 semanas	15 h	1,5 h
Necrosis dérmica tardía	> 12	> 52 semanas	12 h	1,2 h

DISTINTAS UNIDADES DE DOSIS Y VALORES DE ALARMA

PARÁMETROS MEDIDOS	VALOR DE ALARMA	VALOR DE SEGUIMIENTO
Pico de dosis en piel (PSP)	2000 mGy	3000 mGy

Kerma en aire en "punto de referencia"	3000 mGy	5000 mGy
Producto dosis-área (DAP) (medido como kerma x área)	300 Gy x cm2	500 Gy x cm2
Tiempo de escopía y/o número de imágenes	30 min / 300 imágenes	60 min / 600 imágenes

Un procedimiento nunca se interrumpe por las dosis.

UNIDADES DE DOSIS Y ALGORITMOS DE CÁLCULO

En los equipos modernos, si disponemos del producto kerma-área (DA P), en la información del equipo se puede usar un algoritmo aproximado para calcular el pico de la dosis en piel (PDP).

$$PDP \, (mGy) = 250 \times DA \, P \, (Gy \times cm \, 2 \,)$$

Para energías bajas, el producto kerma-área es prácticamente igual al producto dosis-área (DAP).

El producto kerma-área en el "punto de referencia" que calcula el equipo no considera la radiación de retrodispersión que produce el paciente y que aumenta la dosis en piel de un 10 a un 40%.

16 - PROTECCIÓN DEL PERSONAL EXPUESTO A LA RADIACIÓN

ACCESO A VIDEO CLASE - M. Sc. Cinthia Papp

M. Sc. Cinthia Papp
Comisión Nacional de Energía Atómica

EXPOSICIÓN OCUPACIONAL

De las especialidades médicas que utilizan rayos X, la Hemodinamia resulta ser una de las más complejas en cuanto a protección radiológica. Esto se debe, principalmente, a las elevadas tasas de dosis tanto para el paciente como para el personal, el tiempo de exposición y, particularmente, las características relativas al trabajo en sí de la intervención. Por esta razón, surgen interrogantes: ¿Dónde protegerse? ¿De qué? ¿A quiénes? ¿Para qué?.

Los médicos, especialistas, licenciados en bioimágenes, técnicos, enfermeros y todo profesional que intervenga en un procedimiento trabajarán diariamente y deberán estar capacitados y contar con información sobre cómo protegerse para evitar efectos tisulares y reducir la probabilidad de efectos estocásticos.

FUENTES DE RADIACIÓN

Es importante identificar cuál o cuáles son las fuentes de radiación involucradas, para considerar cómo debe protegerse el profesional.

• Fuente de radiación primaria (directa): todo equipo que utilice rayos X para la producción de imágenes, es decir el angiógrafo, así como equipos de radiología convencional, tomógrafo, mamógrafo, seriógrafo y arco en C, entre otros. Debe evitarse que los profesionales se expongan de forma directa a la radiación (incluyendo extremidades y manos).

• Fuente de radiación dispersa: al incidir sobre el paciente, la radiación primaria genera radiación dispersa, que se emite en todas direcciones y con diferentes energías de valores inferiores a la energía incidente. Este tipo de radiación es la que alcanza al profesional y la que produce la dosis de radiación. El paciente emite radiación dispersa solo cuando es irradiado con el haz directo de rayos X, es decir que no continúa irradiando luego de realizado el estudio. Esta aclaración es pertinente, ya que en estudios como los de medicina nuclear, el paciente puede continuar irradiando porque ingirió un radiofármaco. A nivel estimativo, de cada 1000 fotones que alcanzan al paciente, 100-200 se dispersan, 20 alcanzan el detector de imagen y el resto son absorbidos por el paciente (dosis de radiación al paciente). El médico que realiza la intervención (operador) puede estar expuesto, sin elementos de protección, a tasas de dosis de 0,5-2,5 mSv/ h a la altura de la cabeza, 1-5 mSv/ h a la altura de la cintura y 2-10 mSv/ h a la altura de la pierna.

PRINCIPIOS DE LA PROTECCIÓN RADIOLÓGICA

Como ya se ha mencionado, la Comisión Internacional de Protección Radiológica (ICRP, por su sigla en inglés) establece tres principios de protección radiológica: justificación de la práctica (evaluada sobre el paciente), optimización de la práctica y limitación de la dosis (solo se aplica a público y trabajadores).

Los principios o postulados de la ICRP, aplicados adecuadamente, permiten cumplir con los objetivos de la protección radiológica: evitar la aparición de efectos tisulares (o determinísticos) y limitar la aparición de los efectos estocásticos (probabilísticos), tanto en pacientes como en trabajadores o público.

Optimización
En la optimización se trata de reducir la dosis a niveles tan bajos como sea razonablemente alcanzable (A LA RA , por su sigla en inglés). La ICRP recomienda aplicar la optimización en dos niveles:

• Nivel I: se pretende tender al logro de la protección intrínseca. Esto implica ser estrictos con los requisitos de la sala y de la fuente de rayos X, para lo cual es importante el control inicial y periódico por parte de las autoridades nacionales y/o provinciales según corresponda, y la presencia de personal calificado en protección radiológica y física médica.

•Previsión en el diseño y construcción de las instalaciones; es decir, dimensiones de la sala, materiales de puertas, ventanas y paredes, considerando qué equipo específico se va a instalar. Debe considerarse siempre no solo el tipo de equipo (por ejemplo, un angiógrafo), sino también la marca y modelo. Si se cambia el equipo por un modelo más nuevo o que tenga un año de fabricación más reciente, es necesario realizar una reevaluación y aprobación por parte de las autoridades.

• Previsión en el diseño, instalación y control periódico de las fuentes de radiación, es decir, del angiógrafo. Para ello, deben cumplirse las normativas respecto a diseño y fabricación de los equipos, y las normativas referidas a la puesta en marcha y control periódico de estos.

• Nivel II: se refiere, sobre todo, a los factores condicionados por las actividades del operador y establece la necesidad de capacitar y entrenar periódicamente a los profesionales.

•Adopción por parte del personal de hábitos y rutinas acordes con los principios de la protección radiosanitaria, como manejo del equipo, uso de elementos de protección, tiempo de permanencia y posición relativa del operador respecto a la fuente.

Fundamentalmente, es importante que el personal comprenda cuáles son los riesgos implicados –lo que se conoce como "percepción del riesgo"–, evitando minimizar lo que ocurre, y que trabaje en las medidas de protección, logrando establecer una cultura de la seguridad. Esta cultura requiere el trabajo conectado e interdisciplinario de los profesionales de la salud, directivos de las instituciones, técnicos, ingenieros y físicos médicos, expertos en protección radiológica y organismos reguladores.

Limitación de la dosis
Los límites de dosis son establecidos para profesionales y para el público. En los pacientes, no se aplican los límites de dosis, sino niveles de referencia.

Estos son los límites actuales de dosis para los profesionales, establecidos por la Ley 17.557 y sus decretos y resoluciones anexas, del Ministerio de Salud:

• Dosis efectiva (E, cuerpo entero): 20 mSv por año.
Promedio: 100 mSv en 5 años, sin superar los 50 mSv en un año.
• Dosis equivalente en cristalino: 150 mSv por año.
• Dosis equivalente en piel y extremidades: 500 mSv por año.

HERRAMIENTAS BÁSICAS DE PROTECCIÓN

Para protegerse de las radiaciones ionizantes, es posible considerar tres herramientas básicas: tiempo, distancia y blindaje. Las herramientas son generales y es necesario aplicarlas a cada caso en particular dependiendo del tipo de fuente implicada. No es lo mismo protegerse en un quirófano que de un radiofármaco en medicina nuclear.

• Tiempo: como regla general, se debe disminuir el tiempo de permanencia cerca de la fuente de radiación, ya sea del equipo o de un paciente, mientras el equipo está en uso. Esto no implica que se deba trabajar apurado, sino con planificación y entrenamiento previos.

• Distancia: como regla general, se debe incrementar la distancia a la fuente no solo porque disminuye la dosis que recibe el profesional, sino porque, matemáticamente, cada vez que duplicamos la distancia, la dosis disminuye a la cuarta parte. Es decir que si a 1 metro de la fuente el profesional recibe 10 mGy/ min, a 2 metros recibirá 2,5 mGy/ min. Para incrementar la distancia en servicios de medicina, es necesario mantenerse a la mayor distancia posible de las fuentes de radiación.

• Blindaje: la interposición de blindajes específicos disminuye la dosis de radiación recibida por el profesional. En los servicios que usan radiaciones ionizantes en una institución de salud, hay tres grupos de blindajes: estructurales, móviles y elementos de protección personal.

BLINDAJES ESTRUCTURALES Y MÓVILES

Estructurales

Los blindajes estructurales son las paredes, vidrios, pantallas y puertas de los servicios. Los cálculos de blindaje los realizan profesionales autorizados por las entidades reguladoras, con el fin de proteger a los trabajadores y al público, sin sobrepasar los límites de dosis. En cada servicio en particular, se calcula qué tipo de materiales y espesores usar, dependiendo de las dimensiones de la sala y las salas próximas, y, sobre todo, de qué fuente se utilizará en el servicio (tipo de equipo y modelo: no es lo mismo un blindaje para un angiógrafo que para un mamógrafo). Las paredes suelen ser de hormigón y/o con materiales plomados; los vidrios suelen ser plomados o de vidrio común pero de un espesor grande (por ejemplo, 10 cm de vidrio común); las puertas pueden en muchos casos tener un espesor de plomo.

Móviles

Es útil y necesaria la presencia de mamparas plomadas o de materiales equivalentes que sean móviles. El uso de mamparas plomadas suspendidas del techo sirve para protección de la cara y el tronco superior, evitando dosis elevadas, por ejemplo, en el cristalino. Las cortinillas plomadas (de material similar a los delantales plomados) deben estar colocadas en la camilla y usarse para protección de la parte inferior del cuerpo, en particular de las piernas, evitando, por ejemplo, alopecia en las extremidades de los profesionales.

ELEMENTOS DE PROTECCIÓN PERSONAL

Es fundamental que estos elementos de protección estén disponibles para todos los profesionales intervinientes en el procedimiento, y que los profesionales los conozcan y utilicen cuando sea necesario, ya sea al trabajar diariamente o eventualmente.

Chalecos o delantales

En todas las salas, es esencial el uso de estos elementos. Pueden ser típicamente de 0,25 mm de Pb o de materiales equivalentes, aunque también hay algunos de 0,5 mm de Pb. En servicios como los quirófanos, Hemodinamia o Electrofisiología, es fundamental el uso del delantal plomado, debido a la duración de los estudios y a que las dosis de radiación que recibe el profesional pueden ser elevadas si no usa las protecciones. Comercialmente, se encuentran disponibles diferentes tipos de delantales, cada uno con sus ventajas y desventajas. Se recomienda particularmente, en lo posible, usar chaleco y pollera plomada. El uso de dos piezas permite no solo una mayor protección del cuerpo (incluye protección posteroanterior), sino también la distribución del peso entre hombros y cadera. El uso de delantales puede atenuar más del 90% de la radiación dispersa, dependiendo de la energía utilizada (kV del equipo) y el espesor del delantal.

Collares tiroideos

Son de materiales equivalentes a los de los chalecos.

Gafas

Las gafas para protección de las radiaciones ionizantes deben ser de materiales plomados o equivalentes. Si bien pueden resultar incómodas, es fundamental su uso para evitar dosis altas en el cristalino (evitan opacidades en el cristalino, que pueden derivar a futuro en cataratas), como en Hemodinamia. Las gafas pueden atenuar al menos el 60% de la radiación dispersa. Para quienes usan lentes recetados, es posible adaptar las gafas plomadas y cumplir con ambos objetivos: ver y proteger.

La disponibilidad de los elementos de protección personal es responsabilidad de los directivos, y el uso adecuado y cuidado de estos elementos es responsabilidad de los profesionales.

MONITOREO DE LA DOSIS OCUPACIONAL

El monitoreo de la dosis ocupacional se realiza con el fin de controlar la dosis que reciben los trabajadores considerados profesionales ocupacionalmente expuestos (POE), verificando que no se superen los límites establecidos en condiciones normales de trabajo y para dar señales de alerta cuando los valores normales se incrementan (aunque no necesariamente superen los límites), o cuando realmente se superan los valores y es necesario tomar medidas correctivas.

El monitoreo en los servicios de Hemodinamia incluye hoy el uso de doble dosímetro, uno por debajo del delantal plomado, a la altura del pecho, y otro sobre el collar tiroideo. Se recomienda que ambos dosímetros se posicionen del lado del cuerpo más próximo a la fuente de radiación y al paciente. Esto permite calcular mediante algoritmos específicos la dosis efectiva, considerando las zonas protegidas o no por los elementos personales.

El análisis del monitoreo y de las condiciones de protección radiológica exige involucrar a un profesional entrenado para tal fin, como un experto en protección radiológica y un físico médico.

En todos los casos, los profesionales tienen el derecho de conocer la dosis informada por el dosímetro que utiliza.

Recomendaciones para el uso de dosímetros personales

• Recordar que el dosímetro es de uso individual.
• Que el dosímetro se guarde siempre en un lugar determinado, destinado para tal fin.
• Que se utilice siempre en la misma posición.
• Que se envíe al servicio de dosimetría para ser evaluado con la periodicidad adecuada y definida previamente; se recomienda, en general, una vez por mes para servicios de estas características. Debe ser asignado por cada servicio y centro de trabajo, de forma que refleje la dosis recibida en ese servicio en particular; es decir que no se debe llevar el dosímetro de institución a institución, ni de servicio a servicio.

• En caso de dosis elevadas informadas por el servicio de dosimetría, deberán evaluarse las causas, dado que podría ocurrir que el dosímetro haya sido olvidado en una sala, y ver las condiciones de trabajo, etc. No hay que alarmarse, sino analizar y, si es necesario, tomar las medidas adecuadas.

RECOMENDACIONES PRÁCTICAS ADICIONALES

Como regla general, todos los factores que incrementen la dosis que recibe el paciente incrementarán la dosis dispersa que reciben los profesionales (por ejemplo, incremento de mA ; poca colimación del campo de radiación; uso de fluroscopía de alta, cine y sustracción, y número de frames, entre otros mencionados con anterioridad).

Proyecciones OAI
No solo incrementan la dosis del paciente y, por lo tanto, del trabajador, sino que además las incrementan si la proyección implica que el tubo de rayos X se encuentre más próximo al profesional.

Proyecciones antero-posteriores
Al colocar el tubo sobre el paciente, el profesional recibirá más dosis de radiación en la zona superior del cuerpo.

Interposición de manos en el haz
Al interponer las manos en la línea vertical del haz directo, las manos recibirán radiación directa. Adicionalmente, dado el control automático de exposición, se incrementan los parámetros del equipo con lo cual, se incrementa la dosis que va a emitir el tubo.

Referencias
ICRP (2007): Las recomendaciones 2007 de la Comisión Internacional de Protección Radiológica. Publicación No 103. Disponible en http://www.icrp.org/docs/p103_spanish.pdf

ICRP (2007): Protección Radiológica en Medicina. Publicación No 105.
Disponible en http://www.icrp.org/docs/P%20105%20Spanish.pdf

ICRP (2000): Avoidance of Radiation Injuries from Medical Interventional Procedures. ICRP Publication 85.

ICRP (2013): Radiological Protection in Cardiology. ICRP Publication 120. Ministerio de Salud de la Nación: Ley 17.557/ 67: Normas relativas a la instalación y funcionamiento de equipos generadores de rayos X. Disponible en http://www.arn.gov.ar/images/stories/que_hace_la_ARN/resena_de_actividades/marco_regulatorio/normas_regulatorias/10-1-1_R3.pdf

"Interventional cardiology: ¿W hat are the typical doses of diagnostic and therapeutic interventions? Disponible en http://rpop.iaea.org

"Cardiology. Training material. 07. Ocupational exposure and devices of protection".
Disponible en http://rpop.iaea.org (2013).

17 - RECOMENDACIONES INTERNACIONALES EN PROTECCIÓN RADIOLÓGICA EN MEDICINA

ACCESO A VIDEO CLASE - Lic. Beatriz Gregori

Lic. Beatriz Gregori

Las aplicaciones médicas con radiación ionizante (RI) en personas se realizan con fines diagnósticos y terapéuticos.

En las aplicaciones médicas, se identifican las siguientes categorías de exposición a las radiaciones ionizantes: exposición de pacientes, exposición de trabajadores (exposición ocupacional) y exposición del público. En algunas prácticas radiológicas en medicina, se considera también la exposición de los confortadores (por ejemplo, familiares).

Los pacientes, beneficiarios directos de la aplicación médica, deben estar informados de los beneficios y riesgos de la práctica radiológica, y dar su correspondiente consentimiento.

Los trabajadores (médicos, enfermeras, personal de salud en general), efectores de la práctica radiológica, deben estar entrenados, y sus dosis personales deben ser medidas y evaluadas.

El público no recibe un beneficio individual directo, pero sí como sociedad en su totalidad; la dosis asociada se evalúa mediante procedimientos específicos y es muy baja.

Las aplicaciones médicas con RI deben desarrollarse dentro del Sistema de Protección Radiológica. Este sistema se basa en el conocimiento científico interdisciplinario proveniente de la física, la química, la biología, la medicina, la radiopatología, etc; en valores con raíces en la ética, la moral y el comportamiento social, y en la experiencia operativa acumulada por los profesionales de la protección radiológica.

Las organizaciones internacionales que estudian los efectos de las radiaciones realizan recomendaciones para la protección de las personas y el ambiente, y establecen estándares para la aplicación de RI. Dentro de estas organizaciones se destacan el Comité Científico de Naciones Unidas para el Estudio de los Efectos de las Radiaciones Atómicas (Unscear, por su sigla en inglés), la Comisión Internacional de Protección Radiológica (ICRP, por su sigla en inglés) y el Organismo Internacional de Energía Atómica (OIEA).

La protección radiológica tiene como objeto proteger al ser humano y el medio ambiente contra los efectos nocivos de la radiación ionizante (RI), sin que esto conspire contra los beneficios asociados a su aplicación. Se basa en tres principios fundamentales: justificación de la práctica, optimización de la protección y limitación de la dosis.

El principio de justificación establece que una práctica está justificada cuando el beneficio neto para el individuo expuesto o para la sociedad supera el detrimento asociado. En el caso de las aplicaciones médicas, especifica que la justificación de una práctica radiológica médica se sustenta en la consideración de que la información esperada a partir de esta contribuirá a confirmar un diagnóstico u orientar la estrategia terapéutica. El beneficio esperado debe ser superior al que aportaría otra técnica alternativa que involucre menores dosis o que no implique exposición a RI. En el caso de las aplicaciones médicas diagnósticas, la justificación del procedimiento debe ser genérica y definida por las asociaciones profesionales en coordinación con autoridades de salud y regulatorias. La justificación de la práctica en cada caso individual deben realizarla el médico solicitante y el médico efector, teniendo en cuenta los objetivos específicos de la exposición y las características del individuo involucrado. En el caso de aplicaciones terapéuticas, la justificación está implícita en la convicción del médico especialista de que esta aplicación constituye el tratamiento indicado para la patología que presenta el paciente, tomando en consideración la información aportada por el médico referente.

El principio de optimización determina que en aquellas prácticas justificadas se deben mantener las dosis "tan bajas como sea razonablemente alcanzable, considerando los factores económicos y sociales". En medicina, se deberán crear las condiciones que permitan optimizar la relación entre la dosis absorbida por el paciente y la garantía de cumplimiento del propósito diagnóstico (calidad de la imagen). En el proceso de optimización, es necesario considerar aspectos como el diseño del equipamiento y de la instalación que lo contenga; los procedimientos de trabajo; la calibración del equipamiento; la dosimetría del paciente; los niveles de referencia para diagnóstico, y el aseguramiento de la calidad.

El principio de limitación de la dosis se aplica a los trabajadores y al público, pero no a los pacientes. Las dosis anuales para los trabajadores deben ser inferiores a 20 mSv en todo el cuerpo, a 500 mSv en piel y extremidades, y a 150 mSv en cristalino. Las dosis anuales para el público deben ser inferiores a 1 mSv en todo el cuerpo, a 50 mSv en piel y a 20 mSv en cristalino.

18 - QUEMADURAS RADIOLÓGICAS

ACCESO A VIDEO CLASE - Dra. Mercedes Portas

Dra. Mercedes Portas

Ante fuertes dosis de radiación, predominan los efectos de naturaleza determinística (reacciones tisulares, que se evidencian a partir de un cierto umbral y cuya severidad es función directa de la dosis). No existe una respuesta tisular patognomónica frente a la radiación, sino que el tipo de efecto observado depende de las características del tejido irradiado. En efecto, la piel reacciona frente a las radiaciones ionizantes como lo hace frente a otro tipo de noxas, y el eritema cutáneo radioinducido no difiere en su aspecto del que se puede observar luego de otro tipo de agresiones, como la exposición al sol. No obstante, pueden mencionarse ciertas características que distinguen a las quemaduras radiológicas de las convencionales:

• El agente causal no es visible y en la mayor parte de los casos no puede ser percibido.
• Las lesiones no se evidencian en forma inmediata, con excepción de las irradiaciones a muy altas dosis.
• El retardo de aparición de los síntomas es función de la cinética de proliferación de los tejidos irradiados.
• Pueden afectar todos los tejidos de la región irradiada: piel, celular, subcutáneo, músculo, vasos sanguíneos y huesos.
• Se caracterizan por presentar una evolución cíclica con alternancia de períodos críticos y períodos clínicamente silenciosos.
• El pronóstico es función de la dosis absorbida y su distribución temporoespacial.

Su característico patrón temporal, clínicamente bien definido, ha inducido a algunos autores a acuñar el término síndrome cutáneo radioinducido (SCR).

EVOLUCIÓN CLÍNICA DE LAS LESIONES

Existe un retardo de aparición de las lesiones respecto del momento de la exposición, caracterizado por la presencia de una fase de latencia, un período de estado (fase aguda) y, dependiendo de la dosis, una evolución hacia la curación o hacia la cronicidad con crisis de reagudización.

Según la magnitud de la dosis, se pueden observar, en orden de gravedad creciente: eritema, epitelitis seca, epitelitis exudativa y necrosis. Estos niveles corresponden aproximadamente a la clasificación de las quemaduras térmicas de primero, segundo y tercer grado, respectivamente; son equivalentes a los niveles de profundidad de las quemaduras: A , A B y B, respectivamente.

Dosis umbrales para exposiciones localizadas:

MANIFESTACIÓN	UMBRAL (Gy)
Eritema	3 - 10
Depilación temporaria	3 - 7
Depilación permanente	7 - 10
Epitelitis seca	10 - 15
Epitelitis exudativa	15 - 25
Necrosis	>25

Eritema

Es el aumento del flujo sanguíneo, que se traduce por el enrojecimiento de la piel y que aparece más precozmente cuanto más elevada haya sido la dosis.

Clásicamente, se observa una primera etapa denominada "eritema primario", transitoria, de corta duración (minutos a horas después de la exposición), y acompañada en algunos casos de prurito, que precede a una segunda etapa denominada "eritema secundario", más duradera, con una fase intermedia de silencio clínico que puede extenderse a 2-3 semanas. Esta fase muda es más corta cuanto mayor sea la dosis. En casos severos, puede reducirse a pocas horas. Es habitual que en el curso del eritema aparezca una pigmentación que persiste largo tiempo (a veces años).

La dosis umbral para el eritema se sitúa entre 3 y 10 Gy según la susceptibilidad individual, la localización y extensión del territorio expuesto. El eritema primario se debe principalmente a la liberación de histamina y otros péptidos vasoactivos, que producen fenómenos de vasodilatación local. Su presencia se puede evidenciar mediante la compresión digital, que produce la desaparición focal del eritema, el que reaparece luego de la descompresión. El eritema secundario se traduce en la neovascularización como medio para hacer frente a la oclusión de los capilares arteriales y venosos. Precede a la epitelitis exudativa. Con dosis más altas, puede observarse un eritema tardío (6 a 18 meses posirradiación), que precede y acompaña las crisis de vasculitis y que es expresión de severos trastornos circulatorios.

Si la dosis no superó 10 Gy y el daño es superficial, la lesión puede evolucionar favorablemente con restitución ad integrum. Una epidermitis seca constituye, a menudo, el pasaje obligado hacia la curación. Se acompaña de descamación seca debida a la muerte de células de la capa basal de la epidermis y sus anexos.
El grado de descamación depende de la localización anatómica de la lesión, de la vascularización y oxigenación de la piel, de la edad y del estatus hormonal del sujeto.

Edema

Es frecuente que el eritema se acompañe de un aumento de la permeabilidad capilar, que se traduce en la presencia de edema, cuya precocidad de aparición es un signo de gravedad. A menudo, se trata de un edema caliente, duro, tenso y doloroso, que interesa el territorio irradiado y puede extenderse más allá de este (indica topografía, pero no permite determinar límites). Su duración es variable y su cronología tiene valor pronóstico: tanto más precoz cuanto mayor haya sido la dosis. El edema tardío (meses, años) precede y acompaña la crisis de vasculitis.

Epitelitis exudativa
El segundo nivel de severidad lo constituye la epitelitis exudativa. La lesión característica es la flictena, cuya aparición implica dosis superior a 12 Gy. Estas flictenas consisten en la elevación de la epidermis bajo el efecto de un exudado seroso claro que les confiere un aspecto traslúcido. El exudado proviene del plexo vascular superficial y se deposita en el límite dermoepidérmico, el cual se desprende y eleva la epidermis. La periferia de la flictena, que corresponde al límite de despegamiento epidérmico, es un buen indicador de dosis: su límite corresponde a una dosis del orden de 12 a 20 Gy (isodosis de 18 Gy). El momento de aparición de las flictenas permite, asimismo, evaluar la importancia de la dosis: si aparecen antes de los 21 días, puede suponerse una dosis superior a 20 Gy. Una irradiación heterogénea mostraría así una eclosión sucesiva de flictenas. En esta etapa, el dolor comienza a dominar el cuadro clínico y resulta particularmente rebelde a los tratamientos habituales. La flictena es un buen indicador de dosis en superficie, pero no permite prejuzgar respecto de la profundidad de la lesión.

La evolución de las flictenas, con desprendimiento o rotura espontánea de estas, conduce a la instalación de ulceraciones superficiales que pueden remitir o agravarse dependiendo de las dosis. En los casos favorables, la evolución es lenta hacia la restauración cutánea en varias semanas o meses, con o sin secuelas. En el momento de la apertura espontánea de las flictenas, la piel no ha regenerado aún su revestimiento protector fisiológico constituido por la epidermis sana.
Estas lesiones constituyen, así, una puerta de entrada potencial a gérmenes patógenos: la infección es un riesgo en esta etapa. En los casos más severos (dosis superiores a 25 Gy), la lesión evoluciona hacia la necrosis.

Necrosis
La necrosis se presenta con dosis superiores a 25 Gy e implica un compromiso profundo. Comienza con una ulceración profunda de fondo sanioso cubierta por un exudado fibrinoso, que aparece varias semanas o meses después de la exposición. Expresa severa afectación del lecho vascular: los capilares sufren una endotelitis que puede evolucionar hacia la oclusión de los vasos afectados (endarteritis obliterante). Puede ser temprana (menos de 14 días posirradiación) después de dosis muy altas; secundaria a epitelitis exudativa (más de 21 días posirradiación), o tardía posfibrótica (más de 6 meses posirradiación). Puede presentar una evolución monofásica o en forma de crisis sucesivas a lo largo de años.

CLASIFICACIÓN DE LAS QUEMADURAS RADIOLÓGICAS

SCORE EORTC/ RTOG
(European Oncology Radiation Therapy Criteria/ Radiation Therapy Oncology Group)

GRADO	RADIOTOXICIDAD AGUDA: < 90 DÍAS	RADIOTOXICIDAD CRÓNICA: > 90 DÍAS

1	Eritema Depilación Prurito Epitelitis seca	Atrofia Cambios pigmentarios Pérdida parcial del pelo
2	Eritema Epitelitis húmeda Edema	Atrofia moderada Telangiectasia Pérdida parcial del pelo
3	Epitelitis húmeda confluente Edema severo	Áreas confluentes de atrofia Telangiectasias
4	Sangrado Ulceración Necrosis	Ulceración Sangrado

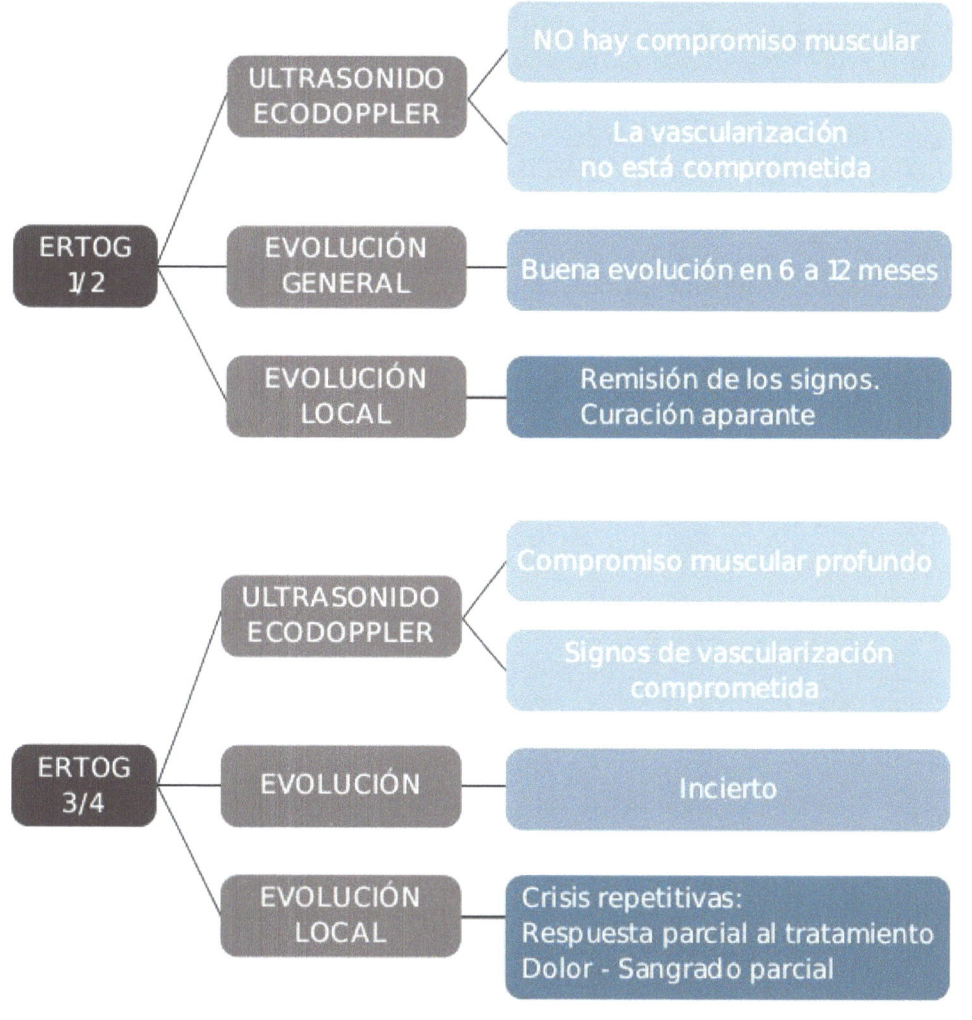

DIAGNÓSTICO DE LAS QUEMADURAS RADIOLÓGICAS

Diagnóstico clínico

Ya se mencionaron las características clínicas de las radiolesiones localizadas, que difieren de las quemaduras térmicas por una serie de factores. Es importante que el médico considere esta posible etiología frente a un paciente que presente una "quemadura" sin que haya una causa evidente, tal como una exposición térmica o a un agente químico. Cuando se trata de un trabajador ocupacionalmente expuesto a las radiaciones ionizantes, la historia ocupacional puede, muchas veces, evidenciar situaciones que favorecerán la sospecha de una

exposición accidental. En el caso de las irradiaciones médicas, el antecedente de exposición a radiaciones ionizantes resulta claro y facilita el diagnóstico etiológico.

Se debe proceder a la recopilación detallada de la historia de la exposición accidental, así como a la realización del examen físico meticuloso a la brevedad.

El examen clínico, junto con la cronología de los síntomas y signos, puede permitir estimar rangos de dosis a fin de establecer un pronóstico.

Estudio fotográfico seriado

El seguimiento de las radiolesiones puede realizarse mediante un registro fotográfico seriado. Las fotografías deberán ser coloreadas y de buena calidad para posibilitar el registro de la extensión y características de las lesiones. Es conveniente demarcar las zonas comprometidas e incluir reparos de referencia que permitan el registro de las dimensiones de la lesión.

Estudios termográficos

Los estudios termográficos evalúan tres aspectos de la fisiología cutánea: el débito sanguíneo tisular, la conductividad térmica y la termogénesis metabólica. Hay que mencionar, no obstante, que la temperatura cutánea cambia más lentamente que el débito sanguíneo, siguiendo con un cierto retraso los cambios rápidos de perfusión cutánea. Se puede observar hipertermia de los territorios irradiados bastante tiempo antes de la aparición de signos clínicos, lo que le confiere utilidad en la fase de latencia clínica. Este estudio permite trazar curvas de isotermia que se correlacionan con curvas de isodosis. Existen dos condiciones que se asocian a signos de mal pronóstico y evolución hacia la necrosis: diferencia de más de 2 grados entre zonas simétricas, y presencia de una zona fría en el centro de la lesión.

La técnica resulta de interés para el seguimiento evolutivo a corto y mediano plazo. Tiene ciertas limitaciones: la gran variabilidad fisiológica, que hace que no se cuente con valores de referencia; la imposibilidad de obtener en ciertos casos estudios simétricos comparables, y la presencia de factores de interferencia que pueden operar como pantalla (por ejemplo, flictenas).

La termografía infrarroja, la variante actualmente más difundida, no aporta información suficiente ni con detalle respecto al estado de los tejidos. El desarrollo de nuevas tecnologías, tal como la termografía tridimensional, podría contribuir a superar esta limitación técnica.

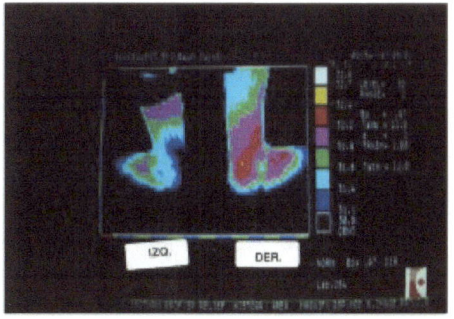 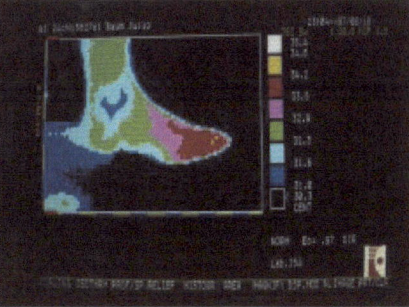

Imágenes teletermográficas que muestran focos de marcada hipertermia:
Izquierda: lesión en región maleolar externa de pie derecho.
Derecha: lesión en extremo distal del pie.

Ultrasonografía

La ultrasonografía de alta frecuencia con utilización de transductores planares es un método que permite la evaluación del espesor y densidad de la piel. Frecuencias del orden de 20 MHz con una resolución axial de 80 microns y una resolución lateral de 200 microns resultan adecuadas para investigar epidermis, dermis y tejido celular subcutáneo hasta una profundidad de 10 mm. La profundidad de las úlceras cutáneas puede ser determinada mediante este método. Frecuencias del orden de 7,5 MHz permiten evaluar la dermis, el tejido celular subcutáneo y el tejido muscular.

Este método, simple y no invasivo, ya ha sido aplicado con muy buenos resultados en la evaluación de pacientes sobreexpuestos en accidentes ocurridos en los últimos años y ha demostrado su utilidad para el control de la respuesta terapéutica y el seguimiento a largo plazo. Siempre se recomienda la realización de estudios comparativos de territorios homólogos no irradiados, a fin de determinar valores basales de referencia para el individuo.

TRATAMIENTO DE LAS QUEMADURAS RADIOLÓGICAS

En términos generales, puede decirse que la inflamación, el edema y la epitelitis exudativa son pasibles de tratamiento médico, mientras que las ulceraciones profundas y la necrosis requieren tratamiento quirúrgico.

Tratamiento médico

El tratamiento médico se basa en las técnicas especializadas para el tratamiento de quemados convencionales, pero el carácter específico de la evolución de las quemaduras radiológicas complica la estrategia terapéutica debido al déficit inmunológico, el enlentecimiento de los fenómenos de restauración, la evolución

tórpida de las lesiones y la implicación de otros tejidos subyacentes a la piel
(celular subcutáneo, músculo, vasos sanguíneos, hueso).
Los objetivos del tratamiento de un paciente que presenta quemaduras
radiológicas son los siguientes:

• Cubierta precoz de la herida.
• Disminución de los estímulos: se indican analgésicos antiinflamatorios, como el clonixilato de lisina, el ibuprofeno o el clorhidrato de nalbufina.
• Optimización del flujo sanguíneo: se indica la administración sistémica de pentoxifilina, una metilxantina capaz de disminuir la viscosidad sanguínea y contribuir a mejorar la perfusión operando a

nivel de la microcirculación. Se recomienda una dosis de 400 a 800 mg por día vía oral. La administración concomitante de trolamina en forma tópica opera como agente antiisquémico.
• Prevención del estrés oxidativo: se indican antioxidantes vía oral, como vitamina C y vitamina E (tocoferol).
• Prevención de infecciones: se realizan diversos procedimientos que controlan la infección local mediante aislamiento, higiene y asepsia. Se incluirán lavados locales con jabones antisépticos y colocación de un agente tópico de sulfadiazina argéntica con lidocaína + vitamina A (Platsul A) para evitar la infección de las heridas según el tipo de lesión, y colagenasa como debridante enzimático.

APOYO PSICOLÓGICO

Los casos de lesiones localizadas severas provocan manifestaciones que, sin duda, conspiran contra el equilibrio psicológico del paciente. El dolor, muchas veces de carácter terebrante, el aspecto destructivo de la lesión, la incertidumbre sobre la evolución médica, la cronicidad y el miedo de amputación son factores que contribuyen al desarrollo de disturbios emocionales y psicológicos.

Es evidente que el manejo de un paciente con una radiolesión localizada de grado importante necesita un abordaje multidisciplinario, incluyendo la psicoterapia de apoyo y la ayuda familiar.

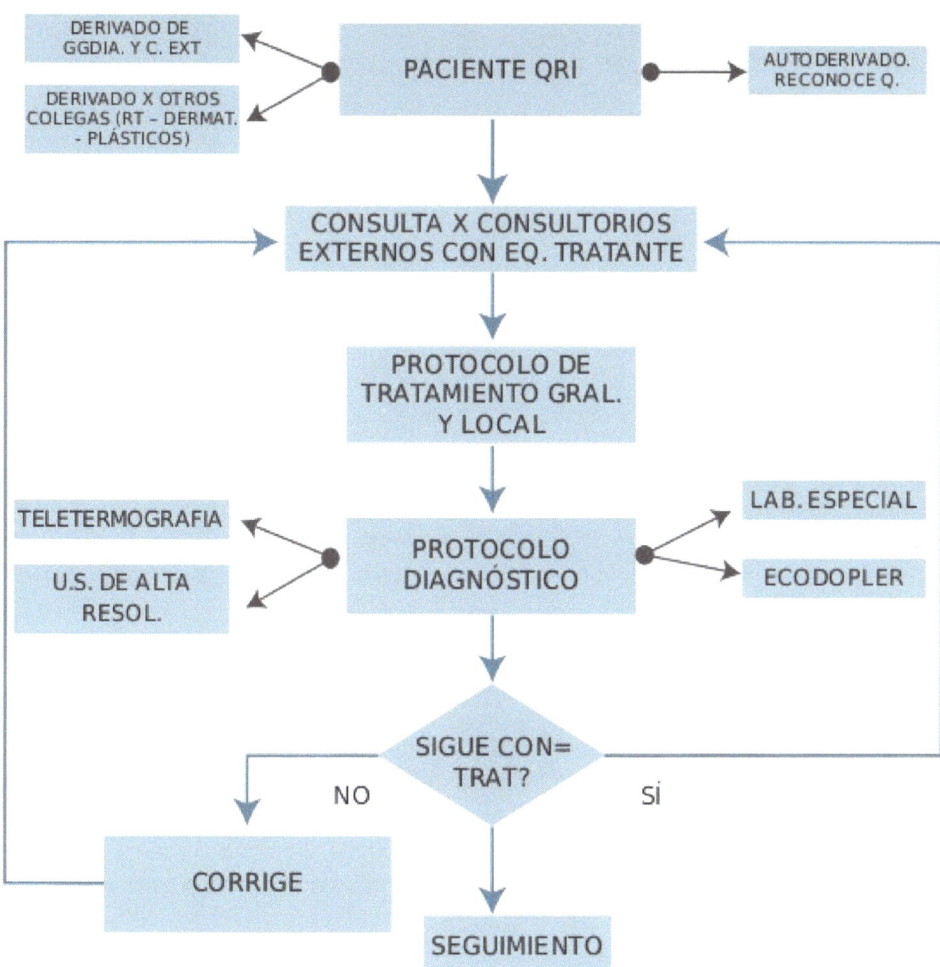

FLUJOGRAMA DEL PACIENTE QRI

DERIVADO DE GGDIA. Y C. EXT

DERIVADO X OTROS COLEGAS (RT – DERMAT. - PLÁSTICOS)

PACIENTE QRI

AUTODERIVADO. RECONOCE Q.

CONSULTA X CONSULTORIOS EXTERNOS CON EQ. TRATANTE

PROTOCOLO DE TRATAMIENTO GRAL. Y LOCAL

TELETERMOGRAFIA

U.S. DE ALTA RESOL.

PROTOCOLO DIAGNÓSTICO

LAB. ESPECIAL

ECODOPLER

SIGUE CON= TRAT?

NO

Sí

CORRIGE

SEGUIMIENTO

19 - RADIOPROTECCIÓN EN PEDIATRÍA

ACCESO A VIDEO CLASE - Dr. José Alonso

Dr. José Alonso

Wilhelm Konrad von Roentgen (1845-1923) descubrió los rayos X en el año 1895. Esto le valió el Premio Nobel de Medicina de 1901. En 1896 Tomas Alva Edison (1847-1931) instaló un aparato de rayos X en la Exposición Eléctrica de Nueva York. La atracción de feria permitía a quien pusiera la mano frente al dispositivo ver sus huesos sobre una pantalla fosforescente.

El operador del artefacto sufrió quemaduras cutáneas profundas y falleció por infección de las lesiones. Fue la primera víctima de las radiaciones ionizantes. Desde entonces, esta tecnología ha avanzado a una velocidad creciente. De todas formas, se debe enfatizar que el uso de técnicas intervencionistas con procedimientos que son guiados por imágenes de radioscopia ha disminuido mucho la morbimortalidad en comparación con el uso de los viejos procedimientos quirúrgicos equivalentes, por lo que los beneficios, en todos los casos, superan todos los inconvenientes que pueda generar el uso de radiaciones.

EFECTOS BIOLÓGICOS DE LAS RADIACIONES IONIZANTES

Estos efectos son aleatorios; es una función de la probabilidad y tiene lugar al azar. Son inespecíficos, ya que las lesiones pueden ser producidas por otras causas y no es posible distinguir la diferencia. No son selectivos para ninguna molécula u organela. No se expresan inmediatamente, sino que tardan un tiempo en hacerse visibles. Tienen una latencia que, según la dosis y el tiempo de exposición, puede ser de horas, días y hasta años.

El Intervencionismo en cardiopatías congénitas es un campo de la medicina que se especializa en el diagnóstico y tratamiento mínimamente invasivo, utilizando radioscopia como imagen guía (radiación ionizante Rx). Esta metodología permite el abordaje de lesiones que no podrían ser tratadas de otra forma y es también una alternativa a otros tratamientos con incisiones más pequeñas o sin ellas.

En las dos últimas décadas, han aumentado considerablemente las indicaciones y la complejidad de estos tratamientos, y muchos pacientes necesitan múltiples intervenciones a lo largo de su vida.

Creo que extremar los cuidados debe ser una condición que se aplique por igual en cada grupo etario, pero existen consideraciones especiales cuando se decide exponer a radiaciones a un niño.

• Los niños son mucho más sensibles a la radiación que los adultos. Comparado con una persona de 40 años, un neonato es mucho más susceptible de padecer cáncer en su vida ante una misma dosis de exposición.
• Los niños tienen mayor expectativa de vida, lo que da mayor tiempo de expresión a los posibles efectos deletéreos de la radiación.

Es importante saber que sin ninguna exposición a la radiación médica, el riesgo inicial de un individuo de desarrollar cáncer es de 1 en 5. Cualquier pequeño riesgo adicional sobre este riesgo basal es muy difícil de detectar. Sin embargo, está bien documentado, por ejemplo, que el riesgo de cáncer de piel por exposición a radiaciones persiste durante cuarenta y cinco años luego de la exposición y es mayor a edades tempranas que en los pacientes añosos. En consecuencia, puede generar daños agudos e inmediatos, como las quemaduras, o tardíos, como mutaciones que conducen a la aparición de cáncer o a modificaciones de la prole (alteraciones del ADN con efectos hereditarios).

Respecto a la inducción de malformaciones, los datos fortalecen la opinión de que existen patrones de radiosensibilidad *in utero* dependientes de la edad gestacional; la máxima sensibilidad se expresa durante el período de mayor organogénesis. Sobre la base de los datos con animales, se estima que hay una verdadera dosis umbral de alrededor de 100 mGy para la inducción de malformaciones; por consiguiente, a los fines prácticos, la Comisión Internacional de Protección Radiológica (ICRP, por su sigla en inglés) considera que no se esperan riesgos de malformación después de la exposición *in utero* a *d*osis por debajo de 100 mGy. La revisión en la Publicación 90 (ICRP, 2003a) de los datos sobre la inducción de retraso mental severo en los supervivientes de las bombas atómicas después de la irradiación en el período prenatal más sensible (8-15 semanas después de la concepción) apoya la existencia de un umbral de dosis de al menos 300 mGy para este efecto y, por consiguiente, la ausencia de riesgo a dosis bajas. Los datos asociados con la pérdida del coeficiente intelectual (CI) estimados en alrededor de 25 puntos por Gy son más difíciles de interpretar y no puede excluirse la posibilidad de una dosis-respuesta sin umbral. Sin embargo, incluso en ausencia de un verdadero umbral de dosis, cualquier efecto en el CI como consecuencia de una dosis *in utero* por debajo 100 mGy no será de significación práctica.

Este capítulo no pretende dar explicaciones muy técnicas acerca de las radiaciones ionizantes y sus efectos, que ya fueron explicados debidamente por profesionales en la materia; la idea es compartir conceptos prácticos de fácil aplicación en la práctica diaria, para proteger al paciente pediátrico y, especialmente, reducir la dosis de radiación, teniendo en cuenta que también se reducirán las dosis de todo el personal afectado a dar la prestación (personal de sala).

Se trata de alcanzar dos objetivos: prevenir la ocurrencia de los efectos determinísticos, que dependen de la dosis, y limitar la probabilidad de incidencia de los efectos no determinísticos (estocásticos o probabilísticos). Para lograr estos modestos objetivos, debemos basarnos en las recomendaciones de la ICRP en relación con la radioprotección, que son las siguientes:

1. Justificación.
2. Optimización de la protección de los pacientes.
3. Aplicación de dosis límite (tenemos pendiente en nuestro medio determinar cuáles son nuestras dosis de referencia).

1. Justificación
Un procedimiento está justificado cuando su realización contribuye a una conducta terapéutica o la modifica. En consecuencia, todas las exposiciones médicas individuales deberían justificarse por adelantado, teniendo en cuenta los objetivos específicos de la exposición y las características del individuo involucrado. Esto no significa que su aplicación en un determinado paciente está justificada.

Los procedimientos intervencionistas o diagnósticos deben ser adecuadamente planificados y justificados; hay que interrogar acerca de procedimientos previos e, idealmente, conseguir datos sobre las dosis de estos. Se deben evaluar los riesgos y beneficios de la intervención, así como las ventajas y desventajas en relación con otras modalidades terapéuticas. Las dosis de radiación para examinar a un niño deben ser, en general, menores que las empleadas en adultos con la misma patología.

2. Optimización de la protección de los pacientes
La optimización de la protección radiológica de los pacientes en medicina se aplica, por lo general, en dos niveles:

• El diseño, la selección adecuada y la construcción del equipamiento y las instalaciones. Esto implica la colaboración con un físico médico en la selección de equipos, programas y mediciones pertinentes. Cada procedimiento estará bien ajustado a un paciente y su enfermedad, por lo que la dosis de radiación, idealmente, será diferente para cada paciente en cada procedimiento.

• Los métodos cotidianos de trabajo (o procedimientos operativos). El objetivo básico de la optimización de la protección es ajustar las medidas de protección para una fuente de radiación, de tal modo que el beneficio neto sea maximizado.

. Funcionar en equipo como una unidad: comunicar procedimiento, número y tipo de secuencias, incidencias del haz, parámetros de inyección, contraste, bomba, etc. Garantizar la apropiada comunicación entre el personal de la sala, sin tener miedo de hacer las preguntas necesarias para asegurarse de que se está trabajando como un equipo que mantiene la dosis de radiación tan baja como sea razonablemente alcanzable.

. Para máquinas con rejillas extraíbles, retirarla en niños que pesen menos de 20 kg. Bajar el número de exposiciones: usar flouroscopía pulsada cuando sea posible, adquirir la flouroscopía, disminuir adquisiciones y exposiciones tanto como sea posible. Utilizar un pulso bajo en lugar de pulso alto de flouroscopía continua; por ejemplo, disminuir de 7,5 a 3 pulsos por segundo siempre que sea posible. Idealmente, el equipo debe tener flouroscopía de baja, media y alta pulsada.

. Mover la mesa y el tubo de rayos X para maximizar la distancia entre la fuente y el paciente, y minimizar la distancia entre el paciente y el receptor (intensificador, flat panel). Al comenzar un procedimiento, colocar el del equipo en el isocentro.

. Mantener la fuente a la máxima distancia de la mesa durante todo el procedimiento. Esta no será menor de 30-35 cm.

. Bajar el intensificador de imagen (o detector de fat panel) tan cerca del paciente como sea posible, para minimizar la distancia paciente-detector.

. Centrar, colimar y filtrar bien con la magnificación más pequeña. Colimar disminuye directamente el área de exposición del paciente, lo que reduce la dosis a los pacientes. Minimizar la superposición (solapamiento) de campos en adquisiciones repetidas.

. Minimizar el uso de la magnificación electrónica. Idealmente, usar flouroscopía con zoom y, si es posible, grabar en esta modalidad. Cambiar de nuevo a cero siempre que sea posible la ampliación.

. Dar alertas de tiempo de flouroscopía periódica audible durante el caso y con cronometraje acumulativo. Se puede dar al operador un recordatorio del tiempo de flouroscopía transcurrido durante el procedimiento.

. Después del procedimiento, revisión de la dosis, medición y registro de control de calidad disponibles: las indicaciones de dosis-paciente, incluyendo dosis acumulada en piel, kerma en aire acumulado, etc. Si esto no está disponible, registrar número de adquisiciones, imágenes grabadas, tiempo y tipo de flouroscopía, lo que permitiría estimar la dosis recibida por el paciente si en piel la dosis es mayor o igual que 2 Gy, o dosis acumulativa mayor o igual que 3 Gy. Realizar informe de radiación de pacientes con dosis mayores que 2 Gy para seguimiento, notas para el médico de atención primaria sobre procedimiento, dosis y efectos posibles a corto y largo plazo. Instruir al paciente, su familia y el médico de cabecera para que llamen; si se desarrolla eritema en el sitio de entrada del rayo, establecer seguimiento de procedimientos, incluyendo el examen de la piel a los 30 días.

3. Aplicación de dosis límite
Es necesario determinar las dosis en el paciente, en distintas condiciones operativas, para compararlas con los Niveles de Referencia (NR) utilizados en otras partes y/o establecer nuevos NR para cada procedimiento específico. Esto permitirá ajustar el equipo y los protocolos de trabajo. Es posible determinar las condiciones favorables para que las dosis sean reducidas al mínimo que permite el procedimiento. De este modo, se podrán definir las propias dosis de referencia y establecer dosis límite. Estas últimas no son aplicables al paciente individual.

20- CATARATA INDUCIDA POR RADIACIÓN.
ESTUDIOS RELID BUENOS AIRES

ACCESO A VIDEO CLASE - Dra. Mariana Romano Miller

Dra. Mariana Romano Miller

El cristalino es un órgano transparente que se ubica en el segmento anterior del ojo. La exposición a radiaciones ionizantes puede inducir en el cristalino opacidades que se denominan "cataratas".

Estas lesiones se desarrollan en un área denominada "región subcapsular posterior" y es importante aclarar que no son patognomónicas de esta etiología: las podemos encontrar en diversas patologías, como la miopía elevada y la diabetes, o por la corticoterapia prolongada.

Sin embargo, presentan una secuencia de progresión en el tiempo que ha sido descripta y estadificada por G. R. Merriam y E. F. Focht en 1957, posteriormente actualizada y modificada por el doctor Norman J . Kleiman, quien participó del estudio de 2010 (véase Anexo 1).

El RELID (sigla en inglés de Retrospective Evaluation of Lens Injuries and Dose: Evaluación retrospectiva de lesiones en el cristalino y dosis) es un estudio multicéntrico cuyo objetivo es evaluar la incidencia de cataratas inducidas por radiación en la población de médicos cardiólogos intervencionistas, enfermeros y técnicos de sala expuestos a radiaciones ionizantes durante la realización de procedimientos diagnósticos y terapéuticos.

Patrocinado por el Organismo Internacional de Energía Atómica (OIEA) y auspiciado por la Sociedad Latinoamericana de Cardiología Intervencionista (SOLACI), el RELID se realizó antes en otros países, como Colombia (2008) y Uruguay (2009). En la Argentina, se llevó a cabo por primera vez en el año 2010, en el contexto del congreso de la SOLACI. El estudio contó con la participación de distinguidos especialistas nacionales y extranjeros, expertos en distintos campos científicos de la Oftalmología, la Cardiología Intervencionista y la Física Médica, lo cual ha permitido un abordaje interdisciplinario. [1,2] Recientemente, en 2014, se realizó por segunda vez, durante las Jornadas SOLACI-CACI. [3]

En el estudio RELID 2010 se examinó a 161 cardiólogos intervencionistas, enfermeros y técnicos de sala, y se encontraron opacidades en el 50% de los primeros y el 41% de los segundos.

Luego de completar un cuestionario para evaluar los antecedentes de exposición profesional, se procedió a efectuar un examen oftalmológico bajo midriasis del segmento anterior de cada ojo, para evaluar el cristalino. Dos observadores independiente evaluaron las lesiones. Asimismo, se procedió a tomar fotografías y a guardarlas en una base de datos digitalizada, que posteriormente se utilizó para describir la estadificación fotográfica.

El RELID 2014 evaluó a 115 participantes. Se reprodujo la metodología empleada en 2010, pero se agregó un subgrupo de pacientes previamente evaluados en 2010 (10) para su seguimiento. En este estudio, se detectaron lesiones compatibles con exposición a radiaciones ionizantes en el 91,5% de los cardiólogos intervencionistas, el 77% de los técnicos y el 100% de los enfermeros. En la población que nos atañe, encontramos estadios tempranos (de E0 a E1,5). Estos constituyen pequeñas opacidades y vacuolas ubicadas en la región subcapsular posterior del cristalino, que pueden comprometer el eje central de la visión y producir un impacto temprano en la función visual. No se trata, por lo tanto, de opacidades severas o extensas, sino de pequeñas lesiones que pueden encontrarse, incluso, en un porcentaje de la población general.

Durante el estudio RELID 2010, mediante diferentes técnicas de iluminación en una lámpara de hendidura de última generación, con sistema fotográfico digital y software de procesamiento de imágenes (Imagenet, Topcon), el equipo de médicos oftalmólogos argentinos intentó fotografiar de manera sistemática estas pequeñas lesiones, diseñando así una nueva técnica de estadificación fotográfica de las lesiones, en correlación con los estadios descritos en la cartilla de Merriam y Focht.

Esta técnica de estadificación fotográfica de las lesiones cristalinianas radioinducidas fue plasmada, junto con otros hallazgos, en un trabajo científico que obtuvo el premio a mejor trabajo de investigación clínica del año 2013 otorgado por la Sociedad Norteamericana de Radiología Intervencionista (SIR, por su sigla en inglés). Este trabajo se encuentra actualmente entre los artículos científicos más consultados en el tema.

Gracias a esta base de fotografías digitalizada, durante el RELID 2014 se pudo realizar el seguimiento de algunos participantes evaluados previamente, así como el entrenamiento de otros médicos en el reconocimiento de las lesiones y su estadificación, de una manera más ágil y precisa que en RELID anteriores.

El seguimiento periódico es importante para valorar la progresión en el tiempo: el efecto de las radiaciones ionizantes sobre el cristalino es independiente del tiempo transcurrido, ya que las lesiones podrían generarse incluso años después de la exposición original. Clásicamente, si bien hoy existirían otras hipótesis alternativas, este efecto ha sido descrito como un efecto determinístico, dependiente de la dosis: a mayor dosis de exposición, mayor probabilidad de desarrollar cataratas. Existiría una dosis umbral a partir de la cual la gravedad de la lesión se incrementaría.

A ntes del estudio, incluso con las dosis postuladas por la Comisión Internacional de Protección Radiológica (ICRP, por su sigla en inglés) para procedimientos intervencionistas, se verificó el desarrollo de cataratas con dosis de exposición profesional mucho menores que las permitidas.

En consecuencia, las conductas de radioprotección se enfocan en disminuir la dosis total de radiación que recibe el cristalino y/o a incrementar el fraccionamiento de esta dosis. Luego del estudio, se redujeron la dosis anual permitida y la dosis total durante la vida profesional del personal médico y no médico intervencionista. Debido, entre otros factores, a los resultados de este estudio, a partir de abril de 2011, la ICRP recomendó reducir de 150 mSV a 20 mSv el límite anual de dosis al ojo en personal expuesto, y documentar la dosis umbral para el desarrollo de cataratas en 500 mSv en lugar de 5000 mSv.

Ambos estudios permitieron reconocer los motivos por los cuales muchos cardiólogos intervencionistas no utilizaban en forma consistente las gafas de protección plomada: por no disponer de ellas en muchos casos, pero también por la falta de gafas con corrección óptica adecuada, porque se empañaban en procedimientos prolongados, o porque lastimaban el tabique nasal. Algunos de estos motivos pudieron mejorarse con el tiempo, y hoy se dispone de opciones ópticas más adecuadas en el mercado. Mucho camino nos queda aún por recorrer para que todo el personal médico, los técnicos de sala y los enfermeros presentes en los procedimientos diagnósticos y terapéuticos cuenten con la adecuada disponibilidad de las gafas de radioprotección.

Sin embargo, en cada médico que está expuesto es fundamental el laborioso proceso de concientización acerca de la utilización de gafas plomadas de radioprotección, en todos los procedimientos, para la prevención de este problema. Desde que empieza el ejercicio de la especialidad, incluso en etapas tempranas de su formación y durante toda su vida profesional.

La educación y la adquisición de conocimiento científico durante la Carrera de Médico Especialista por parte de cada uno de ellos, así como de las autoridades hospitalarias y los organismos de regulación nuclear pertinentes, son un primer gran paso en este desafío.

ANEXO 1
Cartilla de Estadificación de Merriam-Focht

ESTADÍO	APARIENCIA			DESCRIPCIÓN
	ANTERIOR	POSTERIOR	SAGITAL	
0				Cristalino transparente
0,5				Menos de 10 opacidades subcapsulares posteriores/ Menos de 5 vacuolas
1,0				Menos de 20 opacidades subcapsulares posteriores/ Menos de 10 vacuolas
2,0				Cambios corticales 25% de área cristaliniana
3,0 4,0 5,0				Opacidades cristalinianas más extensivas: no se han detectado durante el estudio RELID

* Posterior Region is def ned as the superf cial cortex, which includes the Posterior Subcapsular (PSC) area.
* La región posterior se def ne como la corteza superf cial, que incluye el área subcapsular posterior (PSC por su sigla en inglés).

1 Radiation-associated Lens Opacities in Catheterization Personnel: Results of a Survey and Direct Assessments: Eliseo Vano, PhD, Universidad Complutense de Madrid, España; Norman J . Kleiman, PhD, Columbia University, Nueva York, EE. UU.; Ariel Durán, MD, Cardiólogo Intervencionista; Mariana Romano Miller MD, Sanatorio Otamendi e Instituto Oftalmos, Buenos Aires, Argentina; Madan M Rehani, PhD.
2 RELID 2010: Dra. Romano Miller, Prof. Dr. Carlos Nicoli (Instituto Oftalmos, CABA , Argentina); Prof. Dr. Jorge Bar, Dr. Manuel Nicoli, Dr. Diego Bar (Hospital Alemán, CA BA , Argentina).
3 RELID 2014: C. Papp (Comisión Nacional de Energía Atómica), M. Romano Miller (Sanatorio Otamendi), A . Descalzo (Colegio Argentino de Cardiangiología Intervencionista), S. Michelin (Autoridad Regulatoria Nuclear), A . Molinari (Autoridad Regulatoria Nuclear), A . Rossini (Autoridad Regulatoria Nuclear), C. Plotkin (Hospital Oftalmológico Santa Lucía), G. Bodino (Hospital Oftalmológico Santa Lucía), G. Esperanza (Hospital Oftalmológico Santa Lucía), M. Di Giorgio (Autoridad Regulatoria Nuclear) y R. Touzet (Comisión Nacional de Energía Atómica).

21 - CARACTERÍSTICAS FÍSICAS DE LA PRODUCCIÓN DE RAYOS X. FUNDAMENTOS DE LA DETECCIÓN DE LA RA DIACIÓN Y BLINDAJES

ACCESO A VIDEO CLASE - Lic. Alejandro La Pasta

Lic. Alejandro La Pasta

TEMAS

• Equipo de rayos X, componentes básicos, tubo, calota, tecnologías de alimentación, generadores HF, ripple.
• Generación de rayos X por frenamiento y característica (W), espectros de emisión y función de la filtración adicional, colimadores.
• Tamaño focal, influencia en la capacidad de resolución espacial de la imagen, requerimientos mínimos para equipos de uso en Hemodinamia.
• Rendimientos de exposición y dosis, relación entre radiación incidental y dispersada, influencia de la geometría de irradiación en el riesgo del trabajador.
• Valores orientativos de las BSS 115 para dosis de entrada en piel, en pacientes adultos tipo; valores en alta y baja tasa de dosis de fluoroscopía; comparación con otras prácticas radiológicas médicas.
• Recomendaciones para la reducción de dosis y resultados de mediciones en salas de procedimientos tipo.
• Dispositivos de blindaje personales, del equipo y estructurales típicos y recomendables en Intervencionismo endovascular.
• Observaciones sobre la protección del trabajador, el público y el paciente.

Estos temas tienen como principal finalidad recordar y actualizar algunos conceptos básicos de la producción de rayos X, así como la influencia de los diferentes parámetros de emisión en la dosis y en la formación y características de las imágenes necesarias para un adecuado procedimiento de Intervencionismo con seguimiento de rayos X.

Es importante valorar cómo la geometría de irradiación influye notablemente en las dosis aportadas al paciente; conocer los valores recomendados internacionalmente en las BSS 115, y saber cómo la dispersión sobre el paciente por efecto Compton (radiación secundaria) se modifica en función de la superficie, el ángulo y la energía del haz (KVmáx y keV) y, de este modo, involucra diferencialmente a los distintos integrantes del equipo, actores necesarios en este tipo de procedimientos. Es necesario conocer también el uso práctico de la ley del cuadrado de la distancia y las tablas de coeficientes de dispersión (NCRP 49).

Conocer cuál es la dependencia de la capacidad de resolución espacial de un sistema de imágenes por transmisión de rayos X con los tamaños focales del tubo y la necesidad de un control periódico de estos.

También resulta clave saber cuáles son los distintos tipos de blindajes utilizados: los personales (delantales plomados a base de goma plomada y otros materiales equivalentes, hoy en uso en el mercado, los protectores tiroideos y los anteojos plomados); los recomendados y requeridos en instalaciones nuevas como parte de la instalación del equipo (cortinillas plomadas laterales y pantallas plomadas suspendidas del techo), y los blindajes estructurales típicos, el concepto de espesores hemirreductores y decirreductores, y el uso de ábacos de atenuación. Todos estos elementos y estructuras son necesarios para la habilitación de una instalación de este tipo de equipos y es fundamental conocer su buen uso y su capacidad para atenuar la radiación incidente en los trabajadores y toda persona que por proximidad se halle expuesta.

---

22 - FACULTAD DE MEDICINA
DE LA UNIVERSIDAD DE BUENOS AIRES
CARRERA DE HEMODINAMIA , ANGIOGRAFÍA GENERAL Y
CARDIOANGIOLOGÍA INTERVENCIONISTA
PROGRAMA DE ACTUALIZACIÓN PARA ESPECIALISTAS
UBA/CACI

INTEGRANTES DEL MÓDULO DE RADIOBIOLOGÍA Y PROTECCIÓN RADIOLÓGICA DEL PACIENTE Y EL PERSONAL OCUPACIONALMENTE EXPUESTO

Prof. Dr. Juan C. Giménez

- Presidente Honorario del Instituto de Medicina y Radiomedicina
- Investigador Emérito de la CNEA
- Experto en Radiopatología de la OMS, la OPS, la IA EA , la FAU
- Profesor Titular de Radiofísica y Bioestadística de la Universidad de Buenos Aires y la Universidad del Salvador
- Consultor en varias especialidades en la Universidad Católica Argentina
- Experto en Radiopatología de la IAEA
- Declarado y homenajeado por la OMS, hace más de quince años, como experto internacional en Radiopatología para toda América y el mundo, e internacionalmente declarado radiopatólogo para toda Latinoamérica.

Prof. Dr. Eliseo Vañó

Doctor en Ciencias Físicas por la Universidad Complutense de Madrid en 1974. Catedrático del Departamento de Radiología (Física Médica) desde 1980. Jefe del Servicio de Física Médica del Hospital Clínico San Carlos de Madrid desde 1986. Miembro del Grupo de Expertos del Artículo 31 del tratado Euratom desde 1998. Miembro del Grupo de Trabajo sobre Exposiciones Médicas (Euratom) de la Comisión Europea desde 1998. Miembro de la Comisión Internacional de Protección Radiológica (Comité de Protección en Medicina) desde 2001.

Dra. Amalia M. E. Descalzo

- Título de Médica otorgado por la Universidad de Buenos Aires, Facultad de Medicina, 1987

- Médica de Planta del Servicio de Hemodinamia, Angiografía General y Terapéutica, Endovascular de la Clínica La Sagrada Familia – ENERI – Dr. Pedro LYLYK
- Médica de Planta del Servicio de Hemodinamia, Angiografía General y Terapéutica, Endovascular del Hospital Pte Perón de Avellaneda
- Especialista en Cardiología de la Sociedad Argentina de Cardiología en 1991
- Especialista en Hemodinamia, Angiografía en General y Cardioangiología Intervencionista del Colegio Argentino de Cardioangiólogos Intervencionistas y la Universidad de Buenos Aires, Facultad de Medicina -1995
- Especialista en Angiografía en General y Hemodinamia, del Ministerio de Salud Pública de la Nación - 2010
- Fellow of The Society for Cardiac Angiography and Interventions (SCAI)
- Miembro de la Sociedad Argentina de Cardiología (SAC) desde 1998
- Miembro Titular de la Sociedad Argentina de Cardiología (SAC) desde 1992
- Miembro Titular del Colegio Argentino de Cardioangiólogos Intervencionistas (CACI) desde 1998
- Miembro Titular de la Sociedad Latinoamericana de Cardioangiólogos Intervencionistas, (SOLACI) desde 1999
- Directora de Consejo de Hemodinamia de la Sociedad Argentina de Cardiología en 2007 – 2009
- Coordinadora de los Consejos Científicos de la Sociedad Argentina de Cardiología 2010 – 2011 y 2014
- Coordinadora del Área de Protección Radiológica y Radiofísica del CACI

Dr a. Adriana Cascón.

- Médica especialista en Clínica médica y Medicina ocupacional
- Radiomedicina en el Instituto de Medicina y Radiomedicina.
- Radiomedicina para la Comisión Nacional de Energía Atómica
- Docente del Internado Anual Rotatorio (IAR), "Taller de Protección Radiológica y Radiomedicina", Facultad de Medicina, UBA
- Asesor Experto de IAEA
- Docente del Instituto Balseiro, Cátedra de Protección Radiológica, Universidad de Cuyo
- Exjefa del Servicio Médico del Centro Atómico Bariloche
- Exjefa del Servicio Médico del Complejo Tecnológico Pilcaniyeu

Ing. Nancy Puerta

- Ingeniera Física con Maestría en Ciencias Físicas y Física Médica
- Directora Técnica Alterna del Laboratorio de Dosimetría Interna, ARN
- Profesora Asociada de la Especialización en Protección Radiológica y Seguridad de las Fuentes de Radiación, UBA-ARN
- Contraparte Nacional en las áreas de protección radiológica ocupacional y cultura de la seguridad del proyecto de la IA EA de Cooperación Técnica RLA 9075: "Fortalecimiento de la infraestructura nacional para el cumplimiento de las reglamentaciones y requerimientos en materia de protección radiológica para usuarios finales"

Lic. Diana Dubner

- Integrante del Laboratorio de Radiopatología, ARN
- Gerencia de Apoyo Científico Técnico, ARN

Lic. Andrés Rossini

- Licenciado en Ciencias Biológicas
- Especialista en Manejo de Fuentes de Radiación, Facultad de Ingeniería, UBA
- Responsable del Laboratorio de Radiopatología de la ARN

Lic. Marina Di Giorgio

- Licenciada en Ciencias Biológicas por la Facultad de Ciencias Exactas y Naturales de la Universidad de Buenos Aires
- Gerencia de Apoyo Científico Técnico, Laboratorio de Dosimetría Biológica, A RN (1995/ actualidad)
- Responsable del Laboratorio de Dosimetría Biológica, A RN (2001-2007)
- Gerencia de Seguridad Radiológica y Nuclear, División Dosimetría Biológica, CNEA (abril 1986/ 1994) Capacitación en Protección Radiológica y Seguridad Nuclear, IAEA-CNEA-UBA-Ministerio de Salud Pública (1986)

Ing. Jorge Euillades

- Ingeniero Electromecánico. Docente universitario (durante cuarenta y tres años) como profesor adjunto, Facultad de Ingeniería, UBA , y como profesor de la Escuela de Ciencia y Tecnología, Universidad Nacional de San Martín (UNSAM)
- Profesor de Radiología, Tomografía Computada, Resonancia Magnética.
- Redactor de Normas de Seguridad Hospitalaria, AEA
- Exdirector General de Equipamiento Médico para la Ciudad de Buenos Aires
- Directivo de Siemens Healthcare para la Argentina, Uruguay y Paraguay
- Docente en Philips S. A.
- Conferencista en varios países y autor de artículos y de un libro sobre la especialidad

Ing. Gustavo Sánchez

- Especialista en Física de la Radioterapia
- Docente Adjunto, Universidad Nacional de General San Martín (UNSAM): Licenciatura en Física Médica, Licenciatura en Diagnóstico por Imágenes, Ingeniería en Instrumentación Biomédica, Tecnicaturas Universitarias en Diagnóstico por Imágenes y en Electromedicina)
- Docente Adjunto, Universidad Nacional de La Plata (UNLP): Licenciatura en Física Médica
- Consultor en Protección Radiológica
- Socio fundador de SAFIM, donde ocupó varios cargos, entre ellos el de presidente (2014-2016)

Prof. Rodolfo Touzet

- Doctor en Radioquímica, tercer ciclo, por la Facultad de Ciencias de Orsay, Universidad de la Sorbona
- Diversos cargos en la ARN y la CNEA desde 1962

- Miembro electo del Comité Ejecutivo de la International Radiological Protection Association (IRPA)
- Miembro de la Federación Latinoamericana de Protección Radiológica (FRALC). Expresidente
- Miembro del Consejo Consultivo del Instituto Nacional del Cáncer (INC)
- Miembro del Comité Sievert Award (Premio internacional en Protección Radiológica)
- Miembro del comité del IRAM (TC-85) en Protección Radiológica
- Miembro electo de la Asociación Argentina de Tecnología Nuclear (AATN)
- Miembro del Comité Premio Nacional a la Calidad (Ex juez del Premio Nacional a la Calidad)
- Miembro de la Comisión de Certificación de Profesionales Médicos de la Academia Nacional de Medicina
- Miembro del Comité de Salud del Organismo Argentino de Acreditación (OAA)
- Miembro de la Comisión Intersectorial del Ministerio de Salud Pública para el estudio de los efectos de las radiaciones no ionizantes (Ciperni)
- Docente del Curso de Posgrado en Seguridad Radiológica de la ARN
- Docente de la Tecnicatura en Medicina Nuclear del Instituto Dan Beninson,
- CNEA
- Docente de cursos IRAM en Sistemas de Gestión de la Calidad
- Coordinador del Programa Nacional de Protección Radiológica del Paciente.
- Socio fundador de la SAR

M. Sc. Cinthia Papp

- Física Médica de la Gerencia de Seguridad Radiológica y Nuclear, CNEA
- Programa de Protección Radiológica del Paciente

Lic. Beatriz Gregori

- Licenciada en Ciencias Físicas por la Universidad de Buenos Aires
- Especialista en Dosimetría y Protección Radiológica ocupacional
- Subgerente de Normativa Regulatoria, ARN
- Presidenta de la Sociedad Argentina de Radioprotección (2010-2014)

Dra. Mercedes Portas

- Jefa del Departamento de Cirugía Plástica y Quemados del Hospital de Quemados, CABA
- Directora de la Comisión de Radiopatología del Hospital de Quemados, CABA

Dr. José Luis Alonso

- Médico egresado de la UBA año 1988
- Residencia completa de Pediatría Hospital Alejandro Posadas
- Médico Cardiólogo Pediatra otorgado por la Academia Nacional de Medicina
- Cardioangiólogo Pediatra Otorgado por el CACI colegio Argentina de Cardioangiólogos Intervencionistas
- Director del Consejo de Pediatría del CACI durante 2 años
- Jefe de Clínica de Hemodinámica del Hospital J .P Garrahan
- Integrante del Comité Editorial de la Revista CACI
- Integrante de comité Científico y/o organizador en congresos nacionales e internacionales

Dra. Mariana M. Romano Miller

- Médica egresada de la Universidad de Buenos Aires
- Especialista en Oftalmología
- Residencia médica y formación en la subespecialidad Retina-Vítreo en el Instituto de la Visión, en el Hospital de Clínicas "José de San Martín", en la Universidad Austral, y en el Instituto Oftálmico, Hospital General "Gregorio Marañón", Madrid, España
- Autora y coautora de diversos trabajos científicos, disertante en congresos de su subespecialidad y docente en la formación de médicos residentes, desde sus comienzos
- Médica del Servicio de Retina en el Sanatorio Otamendi - Instituto Oftalmológico de Alta Complejidad Oftalmos desde 2002
- Miembro titular de la Sociedad Argentina de Oftalmología y miembro titular del Consejo Argentino de Oftalmología desde 1997
- Miembro fundador y titular de la Sociedad Argentina de Retina y Vítreo desde 2005
- Médica oftalmóloga coordinadora del Estudio RELID 2010, organizado por el OIEA y la SOLACI, junto con el profesor Eliseo Vañó, el doctor Ariel Durán y el doctor Norman Kleimann
- Médica oftalmóloga en el Estudio RELID 2014, auspiciado por el OIEA y organizado por la CNEA (profesor Rodolfo Touzet), en colaboración con la SOLACI
- Oftalmóloga del Estudio RELID 2017 juntamente con SOLACI-CACI – CNEA
- Médica oftalmóloga en el Instituto de Medicina y Radiomedicina
- Premio al Mejor Trabajo Científico 2013 por la Sociedad Americana de Radiología Intervencionista – Journal of Interventional Radiology

Lic. Alejandro Amadeo La Pasta

- Especialista en investigación operativa (ESIO), con treinta años de experiencia en el campo de la protección radiológica de instalaciones de rayos X, capacitación, fiscalización y normatización, sistemas de dosimetría, cálculo y evaluaciones radiosanitarias de equipos de rayos X, de uso médico, odontológico, industrial, de investigación y de seguridad, así como de radiaciones no ionizantes RF, MO, RMI y Láser
- Inspector referente a/c Área Técnica Radiofísica Sanitaria (MSAL), con veinticinco años de experiencia en el dictado de temas y asignaturas de radioprotección en rayos X, principalmente en el ámbito médico y odontológico, y participación docente en la Carrera de Especialización en Protección Radiológica y Seguridad de las Fuentes de Radiación (FIUBA-A RN)

BIBLIOGRAFÍA

European Commission: "Council Directive 2013/ 59. Euratom laying down basic safety standards for protection against the dangers arising from exposure to ionising radiation", Of cial Journal of the European Communities, 13-72 (2014).

European Commission: Radiation Protection 118. Guidelines for Healthcare Professionals who prescribe Imaging Investigations involving Ionising Radiation, EU, Directorate General Environment, Nuclear Safety and Civil Protection, Luxemburgo, 2007.

European Commission: Radiation Protection 116. Guidelines on Education, Training in Radiation Protection for Medical Exposures, EU, Directorate General Environment, Nuclear Safety and Civil Protection, Luxemburgo, 2000.

European Commission: "Council Directive 97/43 Euratom, on health protection of individuals against the dangers of ionizing radiation in relation to medical exposure", Of cial Journal of the European Communities, No L 180, julio de 1997, 22-27.

International Commission on Radiological Protection: "Radiological protection in cardiology", ICRP Publication 120. Ann. ICRP 42(1), 2013.

International Commission on Radiological Protection: "Education and training in radiological protection for diagnostic and interventional procedures", ICRP Publication 113. A nn. ICRP 39(5), 2009. Versión en español disponible en la página web de la Sociedad Argentina de Radioprotección: www.radioproteccionsar.org.ar/publicaciones

International Commission on Radiological Protection: "The 2007 Recommendations of the International Commission on Radiological Protection", ICRP Publication 103. Ann. ICRP 37(2-4), 2007. International Commission on Radiological Protection: "Radiological Protection in Medicine", ICRP Publication 105. Ann. ICRP 37(6), 2007. Versión en español disponible en la página web de la Sociedad Argentina de Radioprotección: www.radioproteccionsar.org.ar/publicaciones
International Commission on Radiological Protection: "Avoidance of Radiation Injuries from Medical Interventional Procedures", ICRP Publication 85. Ann. ICRP 30(2), 2000.

National Research Council: Health Risks from Exposure to Low Levels of Ionizing Radiation: BEIR VII Phase 2. Washington, DC, The National Academies Press, 2006. https://doi.org/10.17226/11340

National Council on Radiation Protection and Measurements: Radiation Dose Management for Fluoroscopically Guided Interventional Medical Procedures, NCRP Report No. 168, Bethesda, 2010.

Stecker, M. S.; Balter, S.; Towbin, R. B.; Miller, D. L.; Vañó, E.; Bartal, G.; A ngle, J . F.; Chao, C. P.; Cohen, A . M.; Dixon, R. G.; Gross, K.; Hartnell, G. G.; Schueler, B.; Statler, J . D.; de Baère, T., y Cardella, J . F.: "Guidelines for patient radiation dose management", Journal of Vascular and Interventional Radiology, vol. 20, No 7, 2009. Disponible en 10.1016/ j.jvir.2009.04.037

Organismo Internacional de Energía Atómica: Protección radiológica y seguridad de las fuentes de radiación: Normas básicas internacionales de seguridad. Requisitos generales de seguridad. GSR parte 3, OIEA , Viena, 2014.

Organismo Internacional de Energía Atómica: Establishing Guidance. Levels in X Ray Guided Medical Interventional Procedures: A Pilot Study. Safety Reports Series. No 59, OIEA , Viena, 2009.

Radioprotección. Revista de la Sociedad Española de Protección Radiológica, No 87, enero de 2017. Revista digital disponible en: http://www.sepr.es

Rehani, M. M.: "Training of interventional cardiologists in radiation protection–The IA EA's initiatives", Int. J . Cardiol., 114(2):256-260, 2007.

Unscear (2010): Unscear 2008 Report. Sources and Efects of Ionizing Radiation. Volume I: Sources: Report to the General Assembly, Scientifc Annexes A and B. Unscear 2008 Report, United Nations Scientifc Committee on the Efects of Atomic Radiation, Nueva York: Naciones Unidas, 2010.

Vaño, E.; Kleiman, N. J .; Durán; A .; Rehani, M. M.; Echeverri, D., y Cabrera, M.: Radiation Cataract Risk in Interventional Cardiology Personnel. Radiation Research 2010, 174, 490-495.

Vaño, E.; González, L.; Fernández, J . M., y Haskal, Z. J .: "Eye lens exposure to radiation in interventional suites: Caution is warranted", Radiology, 3(248), 2008.

Vaño, E.; González, L.; Fernández, J . M.; Prieto, C., y Guibelalde, E.: "Influence of patient thickness and operation modes on occupational and patient radiation doses in interventional cardiology", Radiat Prot Dosimetry, 118(3):325-330, 2006.

Vaño, E.; A rranz, L.; Sastre, J . M.; Moro, C.; Ledo, A .; Garate, M. T., y Minguez, I.: "Dosimetric and radiation protection considerations based on same cases of patients skin injuries in interventional cardiology", Br. J . Radiol., 71:510-516, 1998.

World Health Organization (W HO): Efficacy and Radiation Safety in Interventional Radiology, Ginebra, 2000.

PÁGINAS WEB
European Commission: www.europa.eu.int/comm/environment/radprot
International Commission on Radiological Protection (ICRP): www.icrp.org

Organismo Internacional de Energía Atómica (IAEA, por su sigla en inglés): www.iaea.org

Organismo Internacional de Energía Atómica (IAEA): sitio de Protección Radiológica del Paciente: https://rpop.iaea.org
Organismo Internacional de Energía Atómica (IAEA), sitio de Protección Radiológica del Paciente: https://rpop.iaea.org - Cardiología. Material de entrenamiento. 07. Exposición ocupacional y dispositivos de protección (2013).

United Nations Scientific Committee On The Effects Of Atomic Radiation (Unscear): www.unscear.org
World Health Organization (W HO): www.who.int

Llamado de Bonn a la acción:
http://www.who.int/ionizing_radiation/medical_exposure/Bonn_call_action.pdf
https://rpop.iaea.org/RPOP/RPoP/Content/AdditionalResources/Bonn_Call_for_Action_Platform/index.htm

Conferencia Iberoamericana sobre Protección Radiológica en Medicina [actualizada el 26 de noviembre de 2016; acceso 10 de noviembre de 2016]
Disponible en revista digital disponible en http://www.sepr.es: Radioprotección.
Revista de la Sociedad Española de Protección Radiológica, N° 87, enero de 2017.

Guía de indicaciones para la correcta solicitud de pruebas de diagnóstico por imagen [actualizada el 26 de noviembre de 2016; acceso 8 de noviembre de 2016]:
http://www.aac.org.ar/imagenes/guias/ guia_solic_diag_x_imagenes.pdf

HEMODINAMIA Y CARDIOANGIOLOGÍA INTERVENCIONISTA

TOMO 2: INTERVENCIONES EN LA PATOLOGÍA AÓRTICA Y VASCULAR PERIFÉRICA

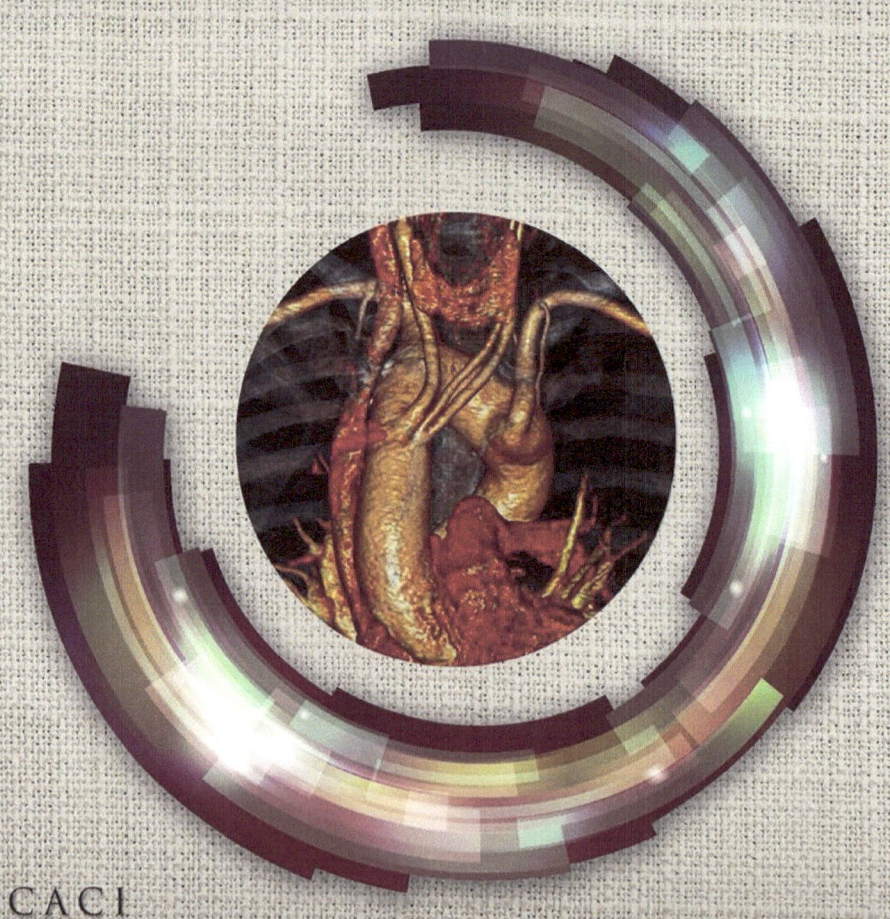

CACI

IDEA Y COORDINACIÓN: DR. MARCELO RUDA VEGA
COLABORADORES: DR. JUAN ARELLANO - DR. DIONISIO CHAMBRE
DR. ALEJANDRO CHERRO - DR. GUILLERMO MIGLIARO

INTERVENCIONES EN LA PATOLOGÍA AÓRTICA Y VASCULAR PERIFÉRICA

INTERVENCIONISMO VASCULAR PERIFÉRICO

1 - Aorta abdominal y arterias de miembros inferiores. Consideraciones anatómicas útiles para los tratamientos intervencionistas
Dr. Fernando Lucas

2 - Arteriopatía obstructiva de miembros inferiores. Forma de presentación. Historia natural
Dr. Alejandro Goldsmit

3 - Aneurismas de aorta abdominal, ilíacos, femorales y poplíteos. Historia natural. Forma de presentación. Diagnóstico
Dr. Oscar Carlevaro

4 - Rol del laboratorio vascular. Métodos complementarios. Interpretación de estudios doppler
Dr. Fernando Belcastro

5 - Diagnóstico por AngioRM y AngioTAC de miembros inferiores
Dr. Miguel Nazar

6 - Angiografía de miembros inferiores. Consideraciones técnicas: vías de abordaje, catéteres, contrastes, sustracción, tiempos de adquisición. Angiografía en flexión
Dr. Gustavo Tamashiro

7 - Instrumental y materiales específicos para tratar patología vascular periférica
Dr. Dionisio Chambre

8 - Stents y balones periféricos
Dr. Alejandro Goldsmit

9 - Vías de abordaje habituales y especiales para la patología vascular periférica
Dr. Federico Giachello

10 - Síndromes específicos de patología vascular periférica
Dr. Mariano Ferreira

11 - Vasculitis sistémicas
Dra. Noelia Antoniol

12 - Cuándo y cómo intervenimos al paciente claudicante
Dra. María Rosa Aymat

13 - Angioplastia aortoilíaca. Síndrome de la aorta pequeña o hipoplásica. ATP en las oclusiones totales de la aorta y las arterias ilíacas
Dr. Esteban Mendaro

14 - Síndromes de microembolización distal (blue toe o dedos azules)
Dr. Esteban Mendaro

15 - Cómo intervenimos el territorio femoropoplíteo en la actualidad
Dr. Martín F Parodi

16 - Angioplastia femoral
Dr. Mariano Ferreira

17 - Oclusiones totales crónicas. Recanalización subintimal
Dr. Luis Morelli Álvarez (Costa Rica)

18 - Angioplastia infrapatelar
Dr. J orge Bluguermann

19 - Hasta dónde habría que llegar en la revascularización del territorio infrapatelar
Dr. Pedro Zangroniz

20 - Oclusión arterial periférica aguda
Dr. Marcelo Dándolo

ANEURISMAS DE AORTA , ABDOMINAL Y TORÁCICA

21 - Síndromes aórticos agudos. Disección, hematoma y úlcera. Fisiopatología, presentación clínica y diagnóstico no invasivo
Dr. Adrián Lescano

22 - Papel actual de la angiografía en el diagnóstico de los síndromes aórticos agudos. Indicaciones y técnica
Dr. Juan Guiroy

23 - Endoprótesis abdominal. Técnica del implante
Dr. Marcelo Cerezo

24 - Aneurismas de aorta torácicos y toracoabdominales
Dr. Frank Criado (Estados Unidos)

25 - Disección aórtica tipo B: cuándo y cómo tratarla
Dr. Hugo Londero

26 - Endoprótesis de aorta torácica. Consejos y trucos para una colocación adecuada
Dr. Hugo Londero

ACCESOS VASCULARES DE HEMODIÁLISIS

27 - ¿Cómo se construyen? ¿Cómo los controlo?
Dr. Fernando Lucas

28 - Angiografía diagnóstica, indicaciones, técnica e interpretación

Dr. Alejandro Abel Fernández

29 - Intervencionismo en las fístulas de hemodiálisis
Dr. Alejandro Abel Fernández

PATOLOGÍA VENOSA PERIFÉRICA

30 - Insuficiencia venosa de miembros inferiores. Epidemiología, fisiopatología y diagnóstico
Dr. Marcelo Dandolo

31 - Síndrome postrombótico. Flegmasia alba y Cerulea dolens. Diagnóstico diferencial de las úlceras de miembros inferiores (arteriales o venosas)
Dr. Fernando Lucas

32 - Angioplastia de los grandes troncos venosos
Dr. Guillermo Eisele

33 - Síndromes protrombóticos. Incidencia, diagnóstico y tratamiento
Dra. María Ester Aris Cancela

TROMBOEMBOLISMO PULMONAR (TEP)

34 - Tromboembolismo pulmonar. Incidencia, etiología, fisiopatología, diagnóstico diferencial y pronóstico
Dr. Jorge Ubaldini

35 - Angiografía pulmonar. Indicaciones, técnica y hallazgos Intervencionismo en el Tromboembolismo pulmonar: tromboaspiración, trombolisis farmacomecánica
Dr. Jorge Bluguermann

36 - Filtros de vena cava
Dr. Guillermo Migliaro

SIMPOSIO ESPECIAL HOMENAJE AL DR. JUAN CARLOS PARODI
ANEURISMAS DE AORTA ABDOMINAL

37 - El desarrollo de una idea, la experimentación y aplicación en el hombre
Dr. Juan Carlos Parodi

38 - Tratamiento endoluminal del aneurisma de aorta abdominal: cuándo y cómo intervenir
Dr. Hugo Londero

39 - Endoleaks después de un implante de una endopróteisis en la aorta abdominal: cuándo y cómo intervenir
Dr Hugo Londero

40 - Endoleaks tipo 2: cuándo y cómo intervenir
Dr. Esteban Mendaro

AORTA TORÁCICA Y TORACOABDOMINAL

41 - Pasos de un implante fenestrado. Consejos
Dr. Marcelo Cerezo

42 - Problemas no resueltos en TEVA R 2017
Dr. Frank Criado

43 - Chimeneas y endoprótesis paralelas en cayado aórtico. Rol actual y comparación con dispositivos ramificados
Dr. Frank Criado

44 - Cuándo debemos tratar la úlcera penetrante y el hematoma intramural
Dr. Hugo Londero

CONSENSOS Y REGISTROS

45 - La importancia de los Consensos: su utilidad y aplicación. Como se elaboran los Consensos CACI
Dr Arturo Fernández Murga

46 - Por qué es importante tener datos y qué nos aporta el Registro Argentino de Angioplastia de Miembros Inferiores (RAdAMI)
Dra. Ana Paula Mollón

HEMODINAMIA Y CARDIOANGIOLOGÍA INTERVENCIONISTA

TOMO III: INTERVENCIONISMO CORONARIO
ÍNDICE PRELIMINAR

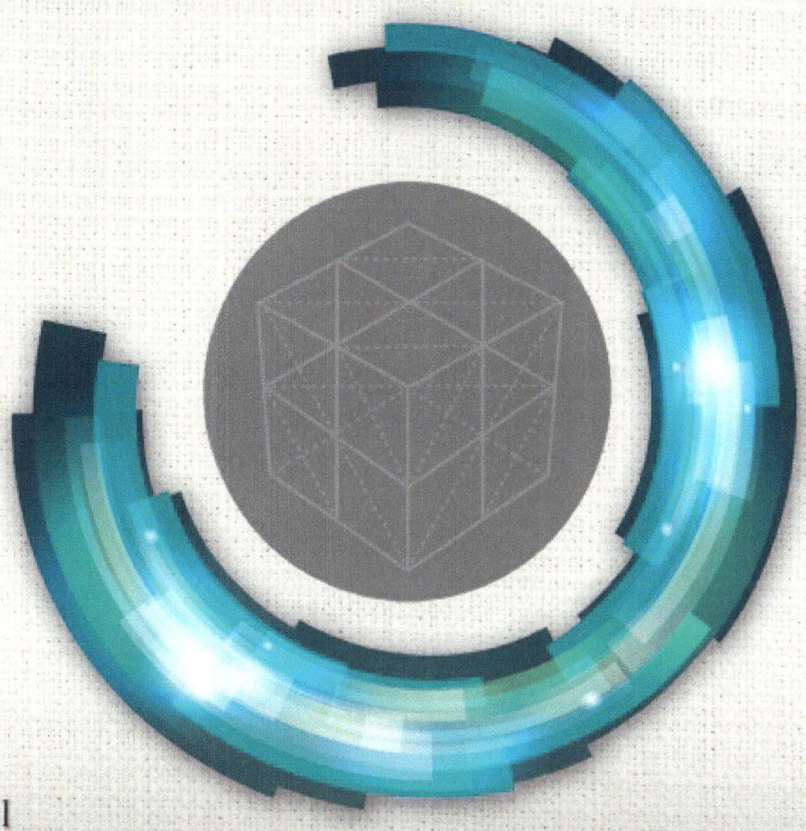

IDEA Y COORDINACIÓN: DR. MARCELO RUDA VEGA
COLABORADORES: DR. JUAN ARELLANO - DR. DIONISIO CHAMBRE
DR. ALEJANDRO CHERRO - DR. GUILLERMO MIGLIARO

TOMO III

INTERVENCIONISMO CORONARIO
Índice preliminar

AVANCES EN EL DIAGNÓSTICO, FARMACOLOGÍA INTERVENCIONISTA Y MATERIALES

Dr. Juan Arellano

14 - Tomografía por coherencia óptica. Principios básicos
Dr. Alejandro Diego Fernández

15 - Ecografía intravascular coronaria IVUS. Principios básicos
Dr. Guillermo Migliaro

16 - Ecocardiografía en la sala de Hemodinamia
Dra. Cynthia Kudrle

17 - Equipo de RX. Generadores. Intensificadores de imágenes. Flat panel
Ing. Alejandro Romero

18 - Angiografía digital. Procesamiento de imágenes digitales. Aplicaciones
Ing. Alejandro Romero

INTERVENCIONISMO CORONARIO SEGÚN EL CONTEXTO CLÍNICO

19 - Fisiopatología de los síndromes coronarios agudos
Dr. Ricardo Villarreal

20 - Síndromes coronarios agudos sin elevación del segmento ST. Diagnóstico y estratificación de riesgo
Dr. Juan Manuel Quirós

21 - Conducta invasiva vs. conducta conservadora en el síndrome coronario agudo sin elevación del segmento ST. ¿Cuándo y a quiénes?
Dr. Javier Guetta

22 - Utilidad de la reserva de flujo fraccional en el síndrome coronario agudo
Dr. Guillermo Migliaro

23 - Síndrome coronario agudo con elevación del segmento ST SCACEST: estratificación de riesgos y conductas. Nuevas guías.
Dr. Adrián Lescano

24 - Angioplastia en el síndrome coronario agudo con elevación del segmento ST. Tiempos. Tipos de angioplastia. Traslado de pacientes
Dr. Andres Dini

25 - Evaluación de la reperfusión en angioplastia primaria. Fenómeno de no reflow. Tratamiento
Dr. Juan Arellano

26 - Infarto agudo de miocardio con lesión de múltiples vasos. ¿Tratar solo la arteria responsable del infarto agudo de miocardio o todas?
Dr. José Alvarez

27 - Optimizando la perfusión. Uso de stents dedicados, tromboaspiración manual y sistemas de protección embólica distal. ¿Cuándo y a quiénes?
Dr. Pablo Kantor

28. Experiencia en angioplastia de infarto agudo de miocardio en hospitales de la Ciudad de Buenos Aires
Dr. Alejandro García Escudero

29 - Experiencia en angioplastia de infarto agudo de miocardio en hospitales del interior del país
Dr. Cristian Calenta

30 - Tratamiento del infarto agudo de miocardio. Realidad de la Argentina. Presentación de casos clínicos y discusión
Dra. Alfonsina Candiello y Dr. Pablo Spaletra

31 - Shock cardiogénico. Diagnóstico y manejo clínico
Dr. Federico Cardone

32 - Angioplastia en el infarto con shock cardiogénico. Consejos y trucos
Dr. Sergio Centeno

33 - Angioplastia en el shock cardiogénico. Revascularización completa o solo arteria responsable
Dr. Agustín Girassolli

34 - Shock cardiogénico y métodos de asistencia ventricular. ¿Cuándo utilizarlos?
Dr. Carlos Fava

35 - Estrategia farmacoinvasiva en el síndrome coronario agudo con elevación del segmento ST (SCACEST): evidencias
Dr. Ricardo Sarmiento

36 - Infarto en situaciones especiales. Oclusión aguda o subaguda de stents. Consejos y trucos
Dr. Oscar Carlevaro

INTERVENCIONISMO CORONARIO EN SITUACIONES COMPLEJAS

37 - Tratamiento de la enfermedad de múltiples vasos. Indicaciones actuales. Presentación de casos clínicos y discusión
Dr. Alfredo Rodríguez y Dr. Carlos Fernández Pereira

38 - Angioplastia de múltiples vasos. Evidencia actual. Scores
Dr. Alfredo Rodriguez

39 - Angioplastia de múltiples vasos. Poblaciones específicas (diabéticos, deterioro de la función sistólica del ventrículo izquierdo, etc.)
Dr. Alfredo Rodríguez

40 - Angioplastia de múltiples vasos. Elección de estrategias. Consejos y trucos
Dr. Carlos Fernández Pereira

41 - Enfermedad de múltiples vasos. ¿Qué pacientes se benefician con la cirugía de revascularización miocárdica?

Dr. José Escalante

42 - Angioplastia de tronco de coronaria izquierda. ¿Cómo realizar una correcta angiografía para planear una correcta estrategia de tratamiento?
Dr. Jorge Leguizamón

43 - Angioplastia de tronco de coronaria izquierda. Evidencias
Dr. Gustavo Andersen

44 - Angioplastia de tronco de coronaria izquierda. Técnicas
Dr. Jorge Leguizamón

45 - Enfermedad de tronco de coronaria izquierda. ¿Qué pacientes son candidatos a cirugía?
Dr. Daniel Berrocal

46 - Bifurcaciones coronarias. Evaluación anatómica y clasificación
Dr. Horacio Mafeo

47 - Angioplastia de bifurcaciones. Material dedicado
Dr. Dionisio Chambre

48 - Evidencia actual sobre angioplastia de bifurcaciones. ¿Qué técnicas demostraron eficiencia y seguridad?
Dr. Alejandro Álvarez Iorio

49 - Angioplastia de bifurcaciones. Técnicas
Dr. Alejandro Diego Fernández

50 - Algoritmo de decisión en angioplastia de bifurcación
Dr. Alejandro Diego Fernández

51 - Utilización de ecografía intravascular/ tomografía de coherencia óptica en bifurcaciones
Dr. Maximiliano Rossi

52 - Talleres de angioplastia de bifurcaciones. Demostración y realización de angioplastias en simuladores
Dr. Dionisio Chambre

53 - ¿Cómo realizar una correcta evaluación angiográfica de una oclusión total coronaria crónica? Scores angiográficos
Dr. Juan Arellano

54 - Evidencia actual sobre el tratamiento de oclusiones totales crónicas ¿Qué pacientes se benefician con la ATC ?
Dr. Arturo Fernández Murga

55 - Estrategias de angioplastia en oclusiones totales crónicas. Vía retrógada, disección y reentrada
Dr. Pablo Salinas - Hospital Clínico San Carlos. Madrid, España
(videoconferencia)

56 - Presentación de material dedicado a oclusiones totales crónicas.
Darío Cuevas, Cristian Lusardi y Luis Romero

57 - Eventos no deseados durante una angioplastia de oclusión total crónica. Prevención, diagnóstico y tratamiento

Dr. Gustavo Andersen

www.ingramcontent.com/pod-product-compliance
Lightning Source LLC
Chambersburg PA
CBHW050849180526
45159CB00007B/2623